U0352588

残留煤地下气化
综合评价与稳定生产技术研究

黄温钢　王作棠　著

北　京

冶 金 工 业 出 版 社

2020

内 容 提 要

本书共7章，以我国残留煤资源的形成背景及其复采所面临的问题为基础，介绍了我国残留煤资源分布特征，分析了残留煤地下气化影响因素，构建了残留煤地下气化变权-模糊层次综合评价模型，探究了不同注气工艺的地下气化特性，提出了燃空区围岩稳定性的控制方法。

本书可供煤炭地下气化、煤炭转化与利用、洁净煤技术等领域的科研与工程技术人员阅读参考，也可作为高等院校相关专业研究生和本科生的教学参考书。

图书在版编目(CIP)数据

残留煤地下气化综合评价与稳定生产技术研究/黄温钢，王作棠著. —北京：冶金工业出版社，2020.12
ISBN 978-7-5024-8322-7

Ⅰ.①残… Ⅱ.①黄… ②王… Ⅲ.①煤炭—地下气化—研究 Ⅳ.①TD844

中国版本图书馆 CIP 数据核字(2020)第 232874 号

出 版 人 苏长永
地 址 北京市东城区嵩祝院北巷 39 号 邮编 100009 电话 (010)64027926
网 址 www.cnmip.com.cn 电子信箱 yjcbs@cnmip.com.cn
责任编辑 张熙莹 王梦梦 美术编辑 吕欣童 版式设计 禹 蕊
责任校对 李 娜 责任印制 李玉山
ISBN 978-7-5024-8322-7
冶金工业出版社出版发行；各地新华书店经销；三河市双峰印刷装订有限公司印刷
2020 年 12 月第 1 版，2020 年 12 月第 1 次印刷
169mm×239mm；11.75 印张；228 千字；177 页
69.00 元

冶金工业出版社 投稿电话 (010)64027932 投稿信箱 tougao@cnmip.com.cn
冶金工业出版社营销中心 电话 (010)64044283 传真 (010)64027893
冶金工业出版社天猫旗舰店 yjgycbs.tmall.com
(本书如有印装质量问题，本社营销中心负责退换)

前　言

受限于独特的"富煤、贫油、少气"资源结构特点，改革开放四十多年来，我国经济持续地高速发展所需的巨大能源需求主要依赖于国内的煤炭资源供给。然而，煤炭资源长期、过度和粗放式的开采和利用方式，不仅形成了量大、面广的残留煤资源，而且引发了一系列环境和社会问题，给煤炭行业带来了极大的负面影响。煤炭地下气化（以下简称"地下气化"）技术是一种既能有效回收和利用残留煤资源，又能兼顾环保性和安全性的新型复采技术，但并非所有残留煤资源都适合地下气化，需要从资源、技术、经济、环境、安全和能耗等方面对其进行综合评估。此外，当前地下气化技术仍处于工业性试验至产业化的过渡期，而地下气化的产气稳定与否对其能否实现产业化发展至关重要。因此，研究残留煤地下气化综合评价与稳定生产技术对实现我国煤炭资源的绿色开采和综合利用，以及推动我国煤炭工业的可持续发展具有十分重要的现实意义。然而，目前国内外相关研究在中国残留煤资源分布特征、残留煤地下气化可行性评价、燃空区围岩稳定性控制技术等方面尚存不足之处，亟待完善。

作者一直致力于地下气化领域的理论研究与技术开发工作，曾先后参与国家自然科学基金项目、江苏高校优势学科建设工程项目等地下气化纵向课题，以及山西大同煤矿集团、山西晋城无烟煤矿业集团、山西三元煤业股份有限公司、安徽淮北矿业集团等多家大型煤矿企业的科技项目，尤其是以主要成员身份参与了华亭煤业集团科技项目"难采煤有井式综合导控法地下气化及低碳发电工业性试验研究"和贵州省科技重大专项"盘江矿区山脚树矿煤层地下气化关键技术及产业化示范研究"。得益于上述经历，作者在地下气化可行性评价、地下气化注气工艺与产气特性、地下气化热-力耦合条件下煤岩体力学特性等方面积累了一些研究成果，并于 2014 年完成了博士学位论文的撰写。近年来，作者又主持、参与了多个地下气化科研项目，使得相关研究得到了进一步的夯实与完善。在原有博士学位论文的基础上，作者对其进行了结构优化、数据更新和模型修正，几易其稿，终著成本书。

本书系统地总结了作者近年来从事地下气化理论与实践研究的主要成果，主要创新点如下：

（1）通过文献调研和理论分析估算出了我国残留煤的资源量，掌握了我国残留煤资源的分布特征、赋存条件、煤质特性等情况；按照残留煤成因对其进行了种类划分，并根据残留煤资源特征和复采技术适用条件，构建了残留煤资源复采技术体系。

（2）从资源条件、技术方案、经济效益、环境影响、安全保障、能耗水平等六个方面对残留煤地下气化可行性的影响因素进行了全面分析，选取了 89 项因素作为评价指标，建立了多层次结构模型，并运用变权综合、模糊数学和层次分析等理论构建了残留煤地下气化可行性变权-模糊层次综合评价模型。

（3）基于中梁山和华亭地下气化工业性试验的实测结果，对不同气化工艺的操作参数和气化指标进行了对比分析，探究了单双炉运行、气化剂氧浓度和蒸汽对地下气化产气效果及稳定性的影响，对地下气化产业化生产的工艺选择提出了指导意见。

（4）结合理论分析和数值模拟，揭示了地下气化过程中燃空区顶板和煤柱的力学特性演化规律，据此获得了地下气化条带合理采宽和留宽的确定方法，对燃空区充填工艺进行了初步设计，并提出了一种可以实现地下气化大规模生产围岩稳定性控制的"条带+充填+跳采"气化工艺。

　　在本书的选题、构思与撰写过程中，辛林博士、段天宏博士、张朋博士、王建华博士等对相关内容给予了指导和帮助，并提出了诸多宝贵意见。此外，本书的现场试验研究得到了重庆中梁山煤电气有限公司、华亭煤业集团有限责任公司、贵州盘江投资控股（集团）有限公司领导、管理人员和工程技术人员的大力支持。在此，作者谨向上述单位及个人表示衷心的感谢。

　　本书的出版及相关研究得到了江西省高校一流学科建设项目、中国矿业大学煤炭资源与安全开采国家重点实验室开放研究基金资助项目（SKLCRSM19KF024）和东华理工大学博士科研启动基金项目（DHBK2015322）的联合资助，在此一并感谢。

　　由于作者水平有限，书中不足之处，恳请广大读者批评指正。

作　者

2020 年 8 月于南昌

目　　录

1 绪 论

1.1 研究背景与意义

1.1.1 研究背景

我国是世界上最大的煤炭生产和消费国,煤炭资源长期、过度和粗放式地开采和利用,一方面,造成了严重的资源浪费,形成了大量的残留煤资源;另一方面,引发了一系列诸如煤烟型大气污染、矿难、职业病等环境和社会问题,不利于我国煤炭行业的可持续发展。

(1) 煤矿井工开采回收率低,残留煤资源量大、面广。受资源条件、技术装备、管理水平和人员素质等因素的影响,我国煤矿的资源采出率长期处于较低的水平。据统计[1],国有重点煤矿的资源采出率一般为50%左右,而条件相对较差的地方国有、乡镇及个体煤矿的资源回采率仅为20%~30%。我国煤炭资源开采的历史悠久,且资源分布广泛,因此,残留煤资源具有量大、面广等特点。

此外,自"九五"以来,国家整顿乡镇煤矿生产秩序关井压产,小煤矿数量锐减。按2005年全国人大常委会提出、国务院确定的"争取用三年左右时间,解决小煤矿问题"的工作目标,国务院先后出台了一系列政策措施,建立了煤矿整顿关闭工作部际联席会议制度,确定了"整顿关闭、整合技改、管理强矿"三步走战略。按照各地上报的《煤矿整顿关闭三年规划》,确定三个阶段计划关井9887处[2]。从2005年下半年开展煤矿整顿关闭攻坚战以来,全国45%的小煤矿已被关闭,截止到2007年年底,全国累计关闭小煤矿11155处,淘汰煤炭落后产能约2.5亿吨[3]。"十一五"期间,全国累计淘汰落后产能5.4亿吨;"十二五"期间,按每年淘汰产能6418万吨的速度计算,截至2015年,淘汰落后产能3.2亿吨,即"十一五"和"十二五"累计淘汰落后产能8.6亿吨[4,5]。

(2) 传统粗放式的煤炭资源开采和利用方式对生态环境危害大。煤炭作为主要能源在为国民经济作出重要贡献的同时,在其开发和利用过程中也带来一系列严重的环境问题。我国的煤炭约84%用于直接燃烧,这种居于主导地位、落后的燃烧方式会对大气造成严重污染,是造成酸雨、酸雾的重要原因之一[6]。此外,我国采煤对矿区土地资源的破坏90%以上由井工开采引起,且以沉陷为主[7]。据原煤炭部调查结果[8],中国煤矿每采万吨煤地面下沉700~3300m²,平均 2000m^2。此外，煤炭开采会产生大量的煤矸石（占原煤的 20%～30%），矸石堆放占用大量农田，且自燃会释放出 SO_2、H_2S 等有害气体。据不完全统计[9]，20 世纪末国有重点煤矿积存煤矸石总量达到 50 亿吨，形成大型矸石山 1500 多座，其中有 300 多座存在自燃。

近年来，我国华北、华中地区发生了严重的雾霾天气，北京、河北、河南等地的空气污染升为 6 级空气污染，属于重度污染。近 50 年来中国雾霾天气总体呈增加趋势，其中年雾霾日数呈东增西减、霾增雾减趋势，雾霾天气几乎"常态化"。雾霾天气不仅给经济、环境造成损失，更为重要的是雾霾天气给人体健康带来了不可忽视的负面影响。造成雾霾的原因众多，但普遍认为以煤炭为代表的传统能源消费结构是其重要原因之一。

（3）煤矿安全生产形势严峻，职业卫生环境恶劣。我国是世界第一大产煤国，但煤矿事故数量也一直高居世界榜首。近年来，随着多项措施的强力推进，我国煤矿安全生产形势趋于好转，2009 年全国煤矿百万吨死亡率首次降至 1 以下，达到 0.892，2013 年又降至 0.293[10]。但和先进的产煤国家相比，我国煤矿百万吨死亡率仍是他们的 10 倍，以美国为例，作为世界第二大产煤国，其过去10 多年来煤炭年产量一直稳定在 10 亿吨左右，煤矿年死亡人数 30 人左右，百万吨死亡率长期控制在 0.1 以下，特别是近几年来，其百万吨死亡率降到了 0.03；而澳大利亚作为世界上第四大产煤国和最大的煤炭出口国，其每百万吨死亡率仅为 0.014 左右[11]。这主要是我国煤炭资源赋存条件普遍比较复杂、煤矿井工开采比例高、从业人员素质低、高瓦斯矿井数量多等因素造成的。

此外，传统井工开采井下工作环境恶劣，极易导致生产人员产生一系列职业病，主要包括 10 大类职业病：尘肺、职业性放射疾病、职业中毒、物理因素所致职业病、生物因素所致职业病、职业性皮肤病、职业性眼病、职业性耳鼻喉口腔疾病、职业性肿瘤和其他职业病。其中以尘肺病最为严重，据原卫生部组织规模最大的"全国尘肺流行病学调查研究"表明，从新中国成立至 1986 年年底，全国累计发生尘肺病人 39.4 万例，其中死亡 79627 例，病死率 20.22%[12]。相关报告表明[12]，我国尘肺发病率呈逐年上升趋势，目前每年新增病例 2 万人左右。截至 2012 年年底，全国累计报告的尘肺病发病 72.7 万人（实际人数更多），死亡 15.0 万人，煤炭行业约占全国尘肺病人总数的 51%。根据国家安监总局对全国 26 个产煤地区煤矿企业进行的不完全统计测算，2010 年，煤炭行业新增尘肺病人数 8300 人，死亡人数近 1500 人（远高于 2013 年煤矿事故死亡人数），比2005 年分别上升 85.39% 和 118.97%；煤矿尘肺病死亡人数相当于当年煤矿事故死亡人数的 62.64%[13]。数据显示[13]，煤矿从业人员粉尘危害接触率占总危害接触率的 91.45%，新增尘肺病人数占新增职业病人数的 98.94%。煤矿职业病给煤矿从业人员家庭和社会带来了极大的负担。

1.1.2 研究意义

煤炭地下气化（underground coal gasification，UCG，以下简称地下气化）是一种既能有效回收和利用残留煤资源，又能兼顾环保性和安全性的新型复采技术。然而，并非所有残留煤资源均适合地下气化，需要对残留煤地下气化复采可行性及相关技术进行研究，以促进煤炭资源的二次开采与综合利用。这不仅可以提高资源的利用率，延长矿井的服务年限，而且可以保护矿区的生态环境，提高矿井生产的安全性，改善井下生产环境，对推动煤炭工业可持续发展与煤炭企业转型升级意义重大。

（1）提高煤炭资源采出率，延长矿井服务年限。我国煤矿普遍具有资源条件复杂、技术装备落后、管理水平差和人员素质低等特点，导致井工开采的资源采出率极低。在长期的生产过程中，形成了包括工作面浮煤、采空区顶底煤、阶段煤柱、采区煤柱、损失边角煤、小窑局部破坏煤层等已被注销的煤炭资源，而矿井可正规开采的可采储量资源枯竭，面临无煤可采的窘境，为维持企业生产，保障职工生活，对残留煤的开采十分迫切[14]。

地下气化不仅可以回收矿井遗弃煤炭资源，而且还可以用于开采井工难以开采或开采经济性、安全性较差的薄煤层、深部煤层、"三下"压煤和高硫、高灰、高瓦斯煤层，可作为传统煤炭开采方法的重要补充，用于我国残留煤资源的二次开采，不仅能提高煤炭资源的采出率，而且对于衰老矿井而言，更能延长矿井的服务年限[15]。

（2）提高矿井生产安全性，改善井下生产环境。一般而言，矿井残留煤资源具有块段形状不规则、煤厚变化大、开采压力大、顶板破碎以及水、火、瓦斯等自然灾害威胁性大，开采条件复杂，难以规划正规的回采工作面和布置大型的综采设备[14]。气化工作面内无重型装备，其布置形式比较灵活，对残留煤资源复杂多变的条件适应性较强，且气化工作面为无人工作面，井下人员大幅度减小，无井式地下气化技术更是可以实现井下的无人化，这将大大增强煤矿生产人员的安全性。此外，由于正常运行期间，气化工作面处于密闭状态，回风巷道和硐室中的粉尘含量大幅降低，能有效改善井下的工作环境[15]。

（3）维护矿区生态环境，实现煤炭行业可持续发展。气化工作面可布置为条带形式，且不存在劳动强度、效率低等缺点。此外，由于条带开采的燃空区围岩完整性较好，故采用充填工艺时效果较好，能有效控制气化区域的岩层移动，不仅能避免井下煤层开采引起的地表塌陷等地质灾害，而且能防止气化区域的水体受破坏和污染。

地下气化是一种煤炭原位洁净利用方式。地下气化把煤燃烧后形成的许多固体废渣和污染留在地下，消除地下开采、地表使用的许多严重缺点，既节省运输、粉碎等工序和费用，又明显提高了能源利用率和经济价值。地下气化能通过与联合循环发电（IGCC）、煤化工、二氧化碳的提取和储存（CCS）等技术相结合，实现整个过程的污染物近零排放[15]。

（4）完善地下气化技术体系。当前，地下气化尚处于工业性试验到产业化的过渡阶段，相关技术有待进一步研究和完善，主要包括：1）气源热值及其稳定性相对地面气化差距较大；2）对地下气化有害物质的监测和环境效益评价尚不完善；3）目前国内已进行的地下气化工程规模较小，且所产煤气仅限于民用燃气、锅炉燃料或者发电，产品附加值低，经济效益差，需对其产业链进一步升级；4）缺乏多学科协作攻关；5）缺乏相关行业标准和规范。上述问题中，以如何提高地下气化煤气品质和产气稳定性最为关键，其对地下气化的产业化发展至关重要。

（5）符合相关产业政策，推动煤炭工业高新技术发展。残留煤地下气化复采属于煤炭工业绿色开采技术体系和高新技术产业范畴，符合国家和地方相关的产业政策。自 2010 年起，国务院[16, 17]、发改委[18]、科技部[19, 20]以及山西省政府[21]、内蒙古自治区政府[22]等相关政府部门先后颁布了一系列地下气化的扶持产业政策，这有利于实现地下气化关键技术突破，加快地下气化关键共性技术研发和产业化示范，推进地下气化产业化发展，从而促进我国煤炭工业的转型升级和可持续发展。

综上所述，如何使煤炭资源的开采和使用过程趋向于绿色化、科学化、低碳化已是当务之急。针对我国煤炭资源具有井下残留煤量大、面广，高瓦斯矿井多，深部储量大但开采经济性和安全性差，传统利用手段单一以及高污染、低效率等特点，推动地下气化技术产业化发展是当前形势下我国解决上述问题的一种有效途径。地下气化是一种集绿色开采与清洁转化为一体，将传统煤炭物理固态开采转变为新型化学流态开发，具有适应性广（气化煤种从褐煤、烟煤到无烟煤，煤层倾角从缓倾斜到急倾斜均可）、过程简单（集采煤和气化于一体）、安全性好以及清洁、高效、低碳等特点。因此，为完善我国绿色开采技术及理论体系，促进煤炭工业可持续发展和转型升级，有必要对残留煤地下气化复采可行性评价和相关生产技术问题进行研究。

1.2　国内外研究现状

自地下气化概念最早提出已有近百年历史，期间世界各国针对这一技术开展了全面而系统的理论和实践研究工作，取得了丰硕的理论和技术成果。

1.2.1　我国残留煤资源特点

1.2.1.1　研究现状

现有关于残留煤特点的研究涉及残留煤定义、残留煤资源量、分布情况、赋存条件、煤质特征、形成原因和类型划分等。例如，邢安士[23]对峰峰矿务局的村庄压煤量进行了估算，为4467万吨，并统计得出了1982年年底全国部分生产矿井"三下"压煤量为116亿吨，其中建筑物下78亿吨，铁路下19亿吨，水体下19亿吨。武正晨等人[24]对1986年以前江苏省"三下"压煤情况进行了详细地调研，按照"三下"构成、区域分布、埋深和倾角分类，分别统计了各类资源的储量。张有祥等人[25]认为呆滞煤量是指生产矿井在生产过程中由于种种原因造成不可采或暂不可采的"挂账"煤，并提出了形成呆滞煤量的九大原因。杨乐桃等人[26]结合水峪煤矿实际情况分析了呆滞煤量的形成原因。尉京兰[27]结合汾西矿业集团各矿的实际情况分析了滞留煤量的形成原因。袁永等人[28]对皖北煤电集团百善煤矿的部分采空区残留煤储量进行了统计。常娜娜[29]以孙村煤矿为背景，分析了呆滞煤炭资源的成因及开采特点。董泽安等人[30]对吉林省辽源市的残煤储量进行了核实。桂学智[31]对山西省现有呆滞煤与残留煤资源存量进行了估算，并对山西省未来将形成的呆滞煤与残留煤资源量进行了预测。郭永长等人[32]对大同煤矿集团下属15对矿井的"三下"煤柱数量和储量进行了统计，并分析了"三下"压煤的资源赋存特点。陆刚[14]定义了残留煤的概念，总结了残留煤资源的特点，调研了我国国有重点煤矿煤炭损失构成以及不同时期各类煤矿的采出率状况，分析了我国衰老矿井残煤的成因，并对残留煤的种类进行了划分。李崇等人[33]对露天矿呆滞煤的成因和特点进行了分析。借鉴前人研究成果，作者对全国范围的残留煤资源量、分布情况和煤质特征等内容进行了调查、分析和研究[34]。

1.2.1.2 存在问题

综上所述，现有文献对我国残留煤资源特点的研究较少且不全面，研究内容主要集中在残留煤的定义、成因和分类等方面，而研究的范围也仅限江苏省、山西省以及各大矿区等局部区域内。此外，数据方面上述大部分文献仅提及我国各类的煤矿资源采出率，且不同文献之间出入较大，部分数据的可靠性有待考证，而针对全国范围的残留煤资源量、分布情况和煤质特征等方面的调查和研究，除作者外，未见其他报道。

1.2.2 地下气化可行性评价

1.2.2.1 研究现状

综合评价方法是通过一定的数学模型，采用多个评价因素或指标对被评对象进行评价，并将多个指标值合成一个反映整体性的综合评价值，再根据评价值得出被评对象的优劣情况。现代评价科学自1888年由Edgeworth开创以来，历经

100 多年的发展，已形成 9 大类近 20 种[35]，常用的单一评价方法有模糊综合评价法、层次分析法、Delphi 法、主成分分析法、灰色综合评估法、数据包络分析法、BP 神经网络法等，而不同的单一评价方法又可进行组合形成新的评价方法，已经被广泛应用于各个领域的评价研究。

国内外地下气化可行性评价研究主要可分为两类：定性评价和定量评价。当前地下气化可行性评价研究主要采用定性评价方法，例如，梁杰等人[36]从地下气化工艺、资源条件、经济效益和社会效益等方面对阜新矿区建设地下气化工程的可行性进行了研究。Young 等人[37]从技术、经济和环境等方面，定性分析了泰国 Krabi 矿区进行地下气化的可行性。Sole 等人[38]对泰国南部建设地下气化发电工程的可行性进行了定性分析。柴兆喜[39]从资源、技术和经济等方面，定性分析了兖州"三下"煤和高硫煤"矿井气化"的可行性。初茉等人[40]从技术和经济两方面考虑，分析了利用地下气化煤气合成油的可行性。刘光华[41]对双阳煤矿地下气化的可行性进行了研究。英国商贸与工业部（Department of Trade and Industry，DTI）发布了报告[42,43]，从资源条件、技术水平、环境影响、公众认知和经济效益等多个方面定性分析了地下气化在英国的可行性。Khadse 等人[44]从资源条件、研究情况、关键技术、经济性、政策等方面分析了印度地下气化的可行性。迟波等人[45]从资源和技术出发，对沈北煤田的地下气化应用进行了可行性评价。作者[46]采用现场调研、试验研究和理论分析等方法，从地质构造、水文地质、煤层赋存、煤质特性和开采技术等条件分析了晋城矿区 15 号煤层地下气化开采的可行性。Bhaskaran 等人[47]通过实验室试验对印度无烟煤和褐煤的地下气化可行性进行了对比分析。但是，通过综合评价方法来实现地下气化定量分析的相关研究较少，例如，王立杰等人[48]对巴基斯坦塔尔煤田的资源条件进行了分析，并采用灰色物元分析法对露采与煤电开发、地下气化与循环发电两个开发方案的经济性进行了对比。李光双[49]从技术优势、经济、环境及社会四个方面分析，采用专家打分法和层次分析法（AHP）初步确立了评价地下气化综合效益的主要因素，并通过信度检验及因子分析对初步确立的评价指标进行筛选优化，结合层次分析法构建了地下气化项目多层次模糊综合效益评价模型，并在模糊评价的基础上，通过构建数据包络分析（DEA）交叉评价模型，分析评价了多个地下气化项目的综合效益。翟培合等人[50]运用层次分析法（AHP），从煤炭资源条件、技术支撑、环境影响和经济效益等四个方面考虑建立准则层，通过专家打分来综合评价地下气化的可行性。

1.2.2.2　存在问题

综上可知，国内外学者在地下气化可行评价研究方面取得了一些有益的成果，但尚未建立起完善的地下气化可行性评价体系。上述研究主要针对地下气化的气化工艺、资源条件、经济效益和社会效益等方面进行定性评价，并未运用数学方法构建评价模型。而仅有少数研究采用综合评价方法对地下气化相关内容进行定性评价，但所采用评价方法单一，选取的评价指标数量少，且均采用常权评价，故无法全面、客观地反映出地下气化的特点。因此，地下气化综合评价在评价方法、指标选取和评价模型等方面尚待进一步研究。

1.2.3 地下气化过程稳定性控制

研究表明，地下气化过程稳定性控制手段主要有地下气化炉型结构和气化控制工艺[51]。

1.2.3.1 地下气化炉型结构

针对不同煤层的赋存条件，可以通过采用相适应的气化炉型结构以最大限度地控制地下气化过程的稳定性。经过长期实践，国内外发展形成了多种地下气化基本炉型，根据进气点和气化通道相对位置可分为一线炉、V形炉、盲孔炉、U形炉，不同炉型的适用条件有所不同。例如，V形炉适用于厚度较小的急倾斜煤层，而盲孔炉则适用于中厚煤层或断层较多的煤层（鸡窝煤）气化。随着科学技术的发展，在上述基本炉型基础上又逐渐发展形成了多种新型炉型，如后退式供风炉型[52]、平行钻孔后退式供风炉型、"长通道、大断面"炉型[53]和"一炉多孔"式气化炉[54]等。

后退式供风炉型（controlled retracting injection point，CRIP）由美国 Lawrence Livermore 国家实验室开发而成，是地下气化技术的一项重大突破[52]。在 CRIP 工艺中，产气井为垂直钻孔，注气井为连通产气井的定向钻孔。一旦产气井和注气井之间的通道贯通，注气井末端在煤层内的水平段处就可以开始进行气化反应，当反应腔附近的煤燃烧殆尽后，注气点就被收回，此时又会形成新的气化反应腔。CRIP 法通过收回注入点来控制气化工作面的推进，可实现对气化反应过程的精确控制。

平行钻孔后退式供风炉型（Parallel CRIP）由澳大利亚联邦科学工程研究院（CSIRO）在 CRIP 技术基础上开发而来。与传统的只有两口井（注气和产气井各一口）的直线受控注入点后退（Linear CRIP）气化工艺不同，平行钻孔后退式供风炉型具有三口井，分别为注气井、产气井和点火井。注气井和排气井均为水平定向钻孔，而点火井为垂直钻孔。建炉工程完毕后，安装点火、注气和排气装置，通过点火井点燃地下煤层，再由注气井鼓入氧气和蒸汽（气化剂），并从产气井抽气，通过火力渗透使注气和产气通道（钻孔）连接，生产煤气。

"长通道、大断面"炉型是以钻孔作为气化炉的进/排气孔，并利用矿井已有的井巷条件施工气化通道[53]。由于气化通道是人工掘进的煤巷，因此通道可根据煤层条件而延长，断面相对于定向钻进等方法形成的气化通道断面要大得多。该炉型通常与两阶段气化工艺联合使用，形成"长通道、大断面、两阶段"地下气化工艺[53, 55]。两阶段工艺是向气化炉循环供给空气（或富氧空气）和水蒸气，每个循环由两个阶段组成，第一阶段鼓入大量空气燃烧蓄热，并产生空气煤气；第二阶段改注水蒸气发生还原反应，产生干馏煤气和水煤气。在第二阶段中，原第一阶段的高温氧化区成为水蒸气分解的还原区，水蒸气分解率提高，使得煤气氢含量和热值显著提高，该工艺为煤在地下直接制氢开辟了一条新的技术途径[56, 57]。

"一炉多孔"式气化炉[54]是 U 形炉的改进炉型，主要由钻孔、气流通道和气化通道组成，中间的气流通道作辅助通道用。由钻孔组成的气流通道与辅助气流通道之间既相互独立又相互连通，有两个气流通道和多个辅助通道，底部由气化通道将其连通。在气化通道点火后，相邻两个钻孔可以形成一个相对独立的气化单元（气化炉），每个气化单元的底部又是互相连通的，钻孔功能可以互换，以使一个气化炉达到多个气化炉的产气功能[54]。该炉型适用于薄且致密的煤层，具备延长产气时间、多孔同时产气甚至连续产气的条件。

上述 4 种气化炉型是当前国内外地下气化工程采用较多的炉型。此外，部分学者还开发了分离控制注气点地下气化炉[58]和变截面流道地下气化炉[59]等。

1.2.3.2　气化控制工艺

气化控制工艺主要有三种[51]：（1）改变气化剂的成分；（2）气化过程调节；（3）利用外部热源。国内外常采用的是前两种方法。

气化剂指煤炭气化过程中所必需的气体介质，常用的气化剂有空气、空气+蒸汽、富氧/纯氧、富氧/纯氧+蒸汽等，而注气方式主要有连续鼓风、脉动鼓风、正反向鼓风、鼓风预热、返流燃烧、逆向气化、高压气化、供风点后退等[51]。通常情况下，气化剂配比和注气方式共同构成气化控制工艺，并对煤气生产的经济性和地下气化特性具有重要影响[60]。相关学者采用理论分析、实验室试验和工业性试验等方法对气化控制工艺的影响开展了广泛研究。试验研究表明，鼓风量增加能加快气化通道内气体的流动，提高气化强度，从而提高地下气化煤气中的可燃组分和热值，但如果鼓风速率过大，煤气中的 CO 含量就会降低[61]。仅改变鼓风速率对提高煤气的可燃成分和热值的作用有限，但改变气化剂中的氧气含量或浓度却有显著效果。对于典型的次烟煤煤层地下气化试验，采用空气作为气化剂时，煤气热值（标态，书中如无特殊说明均为标态）较低，一般为 3 ~ 6MJ/m^3，其 N$_2$ 含量为 40% ~ 50%（体积分数，下同），而采用氧气+蒸汽作为气化剂时，其煤气热值可达 11MJ/m^3 以上[62~65]。这是由于当气化剂中氧气浓度增加后，其中氮吸收的氧化区热量降低，从而使得气化炉温度升高[66]。随着气化剂中氧浓度的增加，煤气 H_2、CO 含量和热值增加，但产气量下降[67, 68]。当氧气浓度增加到一定程度时，煤气可燃组分和热值的上升趋势减缓，但加入蒸汽后煤气的 H_2、CO 含量和热值均有所提高[66]。气化剂中的蒸汽与氧气的比例（汽氧比）会影响煤气的成分，汽氧比增加会导致煤气中的 CO 含量显著下降，而 H_2 和 CO_2 的含量会小幅上升[69]，因此，地下气化应选择最佳汽氧比。然而，不同的条件下，地下气化的最佳汽氧比是不同的，需要借助实验来确定[62, 70~72]。此外，在两段气化工艺中蒸汽可被单独注入气化炉以生产富氢煤气[73~75]，如"长通道、大断面、两阶段"地下气化工艺[76]。

1.2.3.3 存在问题

在地下气化过程稳定控制方面，国内学者采用实验室试验和现场实测等方法，揭示了地下气化过程的一些规律特性，提出了通过优化气化炉结构、改变气化剂参数和调节供风工艺等手段来实现地下气化过程的稳定性控制，但对于气化剂配比和注气参数变化对地下气化过程的稳定性影响研究，目前主要基于地面实验平台开展，很少基于现场试验，尤其是大规模的工业试验，但现场试验显然对地下气化工艺优化具有更为重要的作用[77]。此外，当前现场试验研究主要集中在气化工艺参数对煤气质量和产量的实时影响，但对于其对煤气产率、流量比、消耗指数和气化效率等气化指标影响的相关研究则较少。

1.2.4 燃空区围岩稳定性控制

除气化工艺外，燃空区围岩稳定性也会对地下气化过程产生重大影响。地下气化过程中，随着气化空间的扩展，上覆顶板裂隙逐渐延伸并沟通至含水层，当燃空区进一步扩大时，顶板将发生大面积垮落，此时，极有可能引发地下水溃入、地表沉陷、煤气泄漏和产气不稳定等事故，这不仅会影响气化炉的稳定运行，还将污染地下水、破坏地表生态环境，并损坏地面装置设备和建筑物，如图 1-1 所示。综上，气化工作面围岩稳定与否对地下气化过程的稳定生产和气化区的生态环境影响甚大，故燃空区围岩稳定性控制是地下气化的关键技术之一。

1.2.4.1 研究现状

燃空区围岩的稳定性控制可分为煤层和覆岩扩展控制两方面内容，气化过程中，随着煤层的燃烧，燃空区面积扩大，导致上覆岩层变形、破坏，形成垮落带、裂隙带和弯曲下沉带，因此，煤层扩展是覆岩扩展的诱因。国内外学者在地下气化燃空区扩展及覆岩移动规律等方面做了许多开创性研究。

国外方面，Yang 等人[78]和 Advani 等人[79]运用热力学模型和固结模型，基

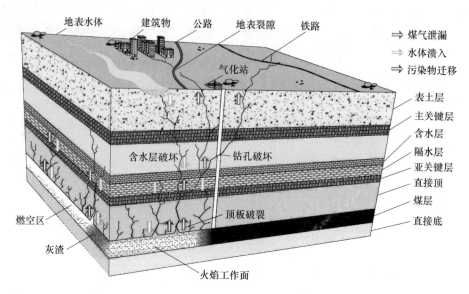

图 1-1　燃空区围岩失稳引起的环境问题示意图

于煤岩热弹性、热弹塑性和热黏弹性理论，采用移动有限元法模拟研究了气化空间的扩展和覆岩移动与地表沉陷。Sutherland 等人[80]采用块体模型模拟了地下气化空间覆岩地表沉陷。Mackinnon 等人[81]运用变边界连续变形有限元法模拟了气化空间的扩展过程，研究了围岩应力场和变形场分布规律。Glass[82]进行了高压釜内地下气化三维模拟，通过高压釜内压力改变来模拟不同地压条件下气化空间的扩展和形状。Harold 等人[83]在 Hol Creek Ⅱ 试验现场进行了长期的地表变形观测，发现地表沉陷有的是类似于常规开采的缓慢下沉，有的则是突然形成。Kusov 等人[84]提出了一种急倾斜煤层气化工作面的间距估算经验方法。Kazak 等人[85]提出了一种适用于俄罗斯南部阿宾斯克地区急倾斜煤层的地下气化保护柱尺寸估算方法。Najafi 等人[86]基于 CRIP 结构提出了一种地下煤气化柱稳定性分析方法，利用莫尔-库仑破坏准则估算地下气化保护柱宽度，并利用 FLAC[3D]软件建立了三维热-力耦合模型来预测气化工作面围岩的应力分布。Otto 等人[87]基于波兰 Upper Silesian 煤盆地 Wieczorek 矿区构建了一个热-力耦合三维模型以研究地下气化对环境的影响，模拟结果表明，气化工作面间的最小距离约为煤层厚度的6倍，以避免工作面间发生水力联系。

国内方面，王在泉等人[88~91]在总结国外相关研究成果的基础上，从理论研究、模型试验、数值模拟和现场观测等方面对地下气化岩移控制做了详细的研究。余峰[92]针对煤岩干馏形成的焦化现象，研究了气化过程中"焦化圈"的形成机理及对气化空间稳定性的影响。陈启辉等人[93]以急倾斜煤层"长通道、大断面、两阶段"气化工艺为研究背景，通过高温岩石力学实验、相似模拟试验、数学建模和现场实测等方式，研究了燃空区扩展的规律及其机理，并提出了燃空区空间稳定性控制技术。谭启等人[94]通过分析岩石在高温下的弹塑性力学性质，建立了二维非线性热-固耦合数学模型，采用有限元方法，用 ANSYS 数值模拟了地下气化顶底板的温度场和应力场，对比了弹性状态和弹塑性状态下的岩石应力场分布情况。郑慧慧等人[95, 96]对地下气化和煤炭开采的整个过程进行了模拟，得出了地下气化过程中，覆岩应力场分布、塑性区分布及顶板应力和应力峰值随工作面推进距离的曲线图。陆银龙等人[97]建立了温度-应力耦合作用下岩石变形控制方程，采用数值模拟对燃空区覆岩温度场和裂隙场的演化规律进行了研究，并通过现场钻孔观测试验法对覆岩断裂带发育高度进行了探测。唐芙蓉等人[98]通过高温岩石力学实验、相似模拟试验、数值模拟和数学建模等方式，研究了燃空区覆岩结构运动及"三带"分布规律。辛林等人[99~102]采用理论分析、数值模拟和现场实测等方法，构建了地下气化多层热弹性基础梁模型和气化通道温传热模型，对条带气化工作面的围岩温度场、覆岩移动与地表变形规律进行了研究。

1.2.4.2 存在问题

综上所述，国内外相关研究主要以长壁工作面为背景，研究范畴也主要集中在地下气化燃空区围岩的温度场、应力场以及覆岩变形破坏规律等方面，对于围岩稳定性控制理论与技术的研究则相对较少。与传统物理采煤方法相比，地下气化工作面无人员和大型设备，条带式开采布置较灵活，有助于深部采场围岩稳定性控制，适应矿井残留煤块段形状不规则的特点。近年来，条带开采工艺已被成功应用于国内外多个地下气化工业性试验，如甘肃华亭[99]、贵州山脚树[103]和澳大利亚 Bloodwood Creek[62]等。基于内蒙古乌兰察布气化场的理论研究表明，条带开采的采宽和留宽均会影响地下气化引起的导水裂隙发育高度[104]。可见，合理的条带开采尺寸可以实现燃空区围岩的稳定性控制，但其尺寸参数的设计缺乏理论依据。而常规条带开采的采宽与留宽确定方法由于未考虑温度影响，故不适用于地下气化。虽然 Najafi 等[86]学者在考虑热-力耦合效应基础上提出了地下气化保护柱宽度的估算方法，但该方法忽略煤柱体内的垂直方向热应力和塑性区支撑作用，同时认为煤柱塑性区宽度仅与煤层埋深有关，而相关研究表明，煤柱塑性区宽度还与煤层厚度、内摩擦角、黏聚力和煤柱侧向支护阻力等因素均存在密切关系[105~107]。此外，该方法以莫尔-库仑破坏准则作为煤柱尺寸依据，其结果与数值模拟存在较大差异，故并不适用于窄煤柱的尺寸设计。为此，需针对地下气化燃空区围岩处于高温和地应力耦合环境的特点，基于围岩稳定性控制目的，研究燃空区顶板和煤柱体内的热-力耦合机制，并据此提出地下气化条带开采采宽与留宽的确定方法。

1.3　研究内容与方法

1.3.1　研究内容

基于国内外研究现状，提出了残留煤地下气化综合评价与稳定生产技术研究，并形成了本书内容，主要由两大部分构成，第一部分为我国残留煤资源特征与地下气化可行性综合评价模型研究，第二部分为残留煤地下气化稳定生产技术研究。具体研究内容如下：

（1）我国残留煤资源特征研究。定义残留煤资源的概念，界定本书所述内容的范畴；调研我国残留煤的资源量、分布特征、煤质特性和赋存条件等情况；根据残留煤成因，划分种类，并根据现有复采技术和地下气化的适用条件，建立残留煤资源复采技术体系。

（2）地下气化可行性综合评价模型研究。从资源条件、技术方案、经济效益、环境影响、安全保障、能耗水平等六个方面对残留煤地下气化可行性的影响因素进行全面分析，筛选关键的因素作为评价指标，通过文献调研、试验测试和理论分析等方法，确定各项评价因素的合理取值。选择适宜的数学评价方法，建立评价模型，并结合实际工程案例进行分析。

（3）不同注气工艺的地下气化特性研究。基于中梁山和华亭地下气化工业性试验的实测结果，对不同气化剂试验和鼓风工艺的地下气化特性进行对比分析，总结出可以稳定产气的工艺技术方案，为今后生产实践提供指导。

（4）燃空区围岩稳定性的控制技术研究。通过理论分析，获得地下气化条带采宽和留宽的确定方法，对燃空区充填工艺进行初步设计，并提出地下气化大规模开采条件下燃空区围岩稳定性的控制方法，为地下气化产业化发展奠定基础。

1.3.2　研究方法与技术路线

本书采用理论分析、室内试验、数值模拟和现场实测等研究手段，对残留煤地下气化综合评价与稳定生产技术的相关内容进行系统研究。

其技术路线如下：

（1）调查、研究我国残留煤资源储量及分布特征、赋存条件和煤质特征，分析残留煤资源的形成原因，并根据成因划分类型，建立残留煤资源复采技术体系；

（2）分析残留煤地下气化可行性的影响因素，筛选评价指标，确定指标合理取值；

（3）选择适宜的评价方法，构建多层次模型，建立残留煤地下气化综合评价模型；

（4）基于现场实测结果，研究不同气化剂试验和鼓风工艺条件下地下气化特性的变化规律，获得能稳定生产的注气工艺方案；

（5）采用理论分析，获得地下气化条带的采宽和留宽确定方法，研究燃空区围岩稳定性的控制技术体系；

（6）基于上述的研究成果，指导现场工程设计。

本书具体研究技术路线如图1-2所示。

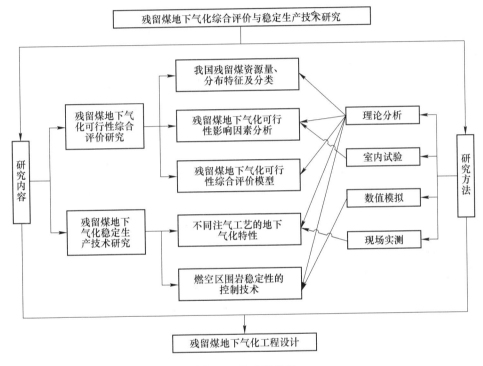

图1-2　技术路线图

2 我国残留煤资源分布特征及复采技术

我国煤炭产量大、开采区域广，受限于资源条件和技术管理水平等因素，长期以来我国煤炭资源的采出率一直维持在较低水平，形成了量大、面广的残留煤资源。目前，国内外鲜有学者对我国残留煤资源的特点进行研究，而这对于促进我国残留煤资源复采、提高煤炭资源采出率、实现煤炭工业的可持续发展具有重要意义。本章从残留煤定义出发，调研了国内残留煤资源的储量、分布、赋存条件和煤质等情况，分析了残留煤的形成原因，并根据成因对其进行了分类，阐述了传统残留煤资源复采技术现状，介绍了残留煤地下气化技术，构建了残留煤资源的复采技术体系框架。

2.1 残留煤资源定义及特点

本书中的残留煤资源是指矿井中常规采煤方法所难以或无法进行开采的煤量，包括"三下"压煤损失量、薄煤层损失量、保护煤柱损失量、因条件复杂而无法开采的损失量、采区开采损失量等。

矿井残留煤赋存条件复杂，主要特点[14]：（1）块段形状不规则，难以布置大型综采设备；（2）受地质构造或采动破坏等因素的影响，煤厚变化大，限定了回采工艺的选择范围；（3）周边受地质构造或采空区等因素影响，开采压力大，顶板破碎，水、火、瓦斯等自然灾害威胁性大，开采条件复杂。

2.2 残留煤资源量及分布特征

2.2.1 残留煤资源量估算

对我国历年煤炭产量、构成和采出率情况进行了调查研究，并根据调查结果估算了我国残留煤资源量。

2.2.1.1 煤炭产量与构成

自新中国成立以来，因经济发展需求，加上国内煤炭工业技术和装备水平的提升，煤炭产量持续增长。据统计[108~117]，中国煤炭产量由 1949 年的 3243 万吨，增加至 2019 年的 38.50 亿吨，71 年间累计生产煤炭 847.64 亿吨（仅大陆区域），其中露天开采 70.02 亿吨，井工开采 777.62 亿吨，分别占总量的 8.26% 和

91.74%；井工开采中，国有重点煤矿共生产 395.31 亿吨，地方国营煤矿共生产 163.33 亿吨，乡镇及个体煤矿共生产 216.22 亿吨，分别占煤炭总产量 46.64%、19.27% 和 25.51%，1949～2019 年我国不同类型煤矿的煤炭产量及其所占比例分别如图 2-1 和图 2-2 所示。

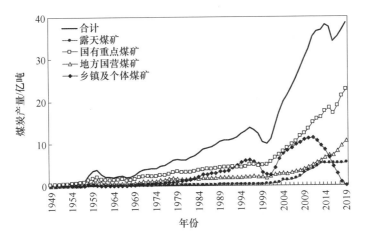

图 2-1　我国 1949～2019 年不同类型煤矿煤炭产量统计图[108~117]

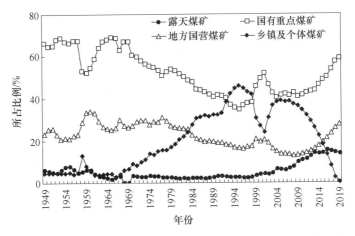

图 2-2　我国 1949～2019 年不同类型煤矿煤炭产量所占比例[108~117]

由图 2-1 可知，我国煤炭产量变化趋势可以 2000 年为界，2000 年以前产量增速缓慢，甚至在 1996～2000 年期间煤炭产量一度出现了下降趋势。2000 年以后，我国煤炭产量呈现陡增趋势，这与我国 2000 年后经济快速发展密切相关，但自 2015 年开始煤炭产量出现了短暂的下降，近 3 年产量又逐渐恢复接近 2014 年水平。从不同类型煤矿产量来看，露天煤矿、国有重点煤矿和地方国营煤矿产量一直保持增长趋势，尤其 2000 年以后增幅加快，而乡镇及个体煤矿产量在经历一段上升阶段后，近年来产量急剧下降，这说明我国近年来的煤炭资源整合战略成效显著，有助于提高我国煤炭工业的整体工业水平和改善煤矿的安全生产形势。

由图 2-2 可知，各类煤矿中，露天煤矿在 2000 年之前，其产量所占比例一直维持在较低水平（2%~8%），2000 年之后快速增长，近年来一直维持 14% 左右的水平。井工开采方面，国有重点煤矿产量所占比例在新中国成立初期达到 70% 左右，随后一直下降，1995 年降至最低点 37.32%，之后逐渐升高，目前已基本与新中国成立初期时的比例持平；地方国营煤矿产量所占比例波动相对较小，2009 年以前总体呈下降趋势，最高占 33.96%（1960 年），最低占 12.72%（2007 年），近年来所占比例大幅上升，接近国内煤炭总产量的三成；乡镇及个体煤矿产量所占比例波动最为明显，总体呈现先上升后下降趋势，20 世纪 70 年代以前其所占比例仅为 5% 左右，此后快速上升，至 1995 年达到了最大值 45.89%，之后又急剧下降，至 2000 年再次触底反弹，但近年来随着我国煤炭产业结构调整力度的加大，以及煤矿准入门槛的提高，短短十年时间其产量所占比例由近四成下降为零，这标志着我国地方小型煤矿已彻底退出历史舞台。

2.2.1.2　资源采出率

受资源条件、技术装备和管理水平等因素的影响，露天开采和井工开采之间，国有重点煤矿、地方国营煤矿和乡镇及个体煤矿之间，其资源回采率均存在较大差异。一般而言，露天开采的资源采出率高于井工开采的，而井工开采中大型煤矿的资源采出率又要高于中小型煤矿的。此外，随着我国煤矿技术、装备和管理水平地不断发展，各类煤矿的资源采出率也会随之提高，这就意味着不同时期各类煤矿的资源采出率不是一个定值。为此，调研了不同时期各类煤矿的采出率情况[14, 118~121]，详见表 2-1。

表 2-1　不同时期各类煤矿的采出率[14, 118~121]　　　　　　（%）

年份	井工开采			露天开采
	国有重点煤矿	地方国营煤矿	乡镇及个体煤矿	
1949 年	—	—	—	70
1989 年	50.00	30.00	<10.00	—
1990 年	55.00	40.00	15.00~20.00	—
N/A	44.90	33.00	21.20	—
1995 年	56.00	49.60	38.00	—
2003 年	55.00	35.00	15.00	—
2006 年	48.00	38.00	20.00	—
N/A	50.00	30.00	10.00~15.00	—
2015 年	—	—	—	90

注：N/A 表示具体年份不详。

根据表 2-1 数据，可获得各类煤矿资源采出率随时间的拟合公式：

$$C_{0t} = 0.3077t - 529.69 \tag{2-1}$$
$$C_{1t} = 0.3421t - 629.93 \tag{2-2}$$
$$C_{2t} = 0.206t - 373.19 \tag{2-3}$$
$$C_{3t} = 0.2458t - 471.09 \tag{2-4}$$

式中，C_{0t} 为历年露天煤矿的资源采出率，%；C_{1t} 为历年国有重点煤矿的资源采出率，%；C_{2t} 为历年地方国营煤矿的资源采出率，%；C_{3t} 为历年乡镇及个体煤矿的资源采出率，%；t 为年份。

2.2.1.3　残留煤资源量估算

确定我国历年煤炭产量和资源采出率后，即可估算不同时期各类煤矿形成的残留煤资源总量，见式（2-5）。

$$Q_{r} = \sum_{t=1949}^{2019}\sum_{i=0}^{3}\frac{Q_{it}}{C_{it}}(1 - C_{it}) \quad (i = 0, 1, 2, 3; t = 1949 \sim 2019) \tag{2-5}$$

式中，Q_{r} 为残留煤量，亿吨；Q_{it} 为历年各类煤矿的采出煤量，亿吨；C_{it} 为历年各类煤矿的资源采出率，%。

将各年不同类型煤矿的煤炭产量和采出率代入式（2-5），可估算得相应的残留煤量，如图 2-3 所示。计算结果表明，1949～2019 年间我国各类煤矿形成的残留煤资源总量为 1438.26 亿吨，以井工开采为主，占总量的 99.36%（1429.11 亿吨），其中国有重点、地方国营和乡镇及个体煤矿形成的残留煤资源量分别为 333.95 亿吨、260.25 亿吨和 834.91 亿吨，占比分别为 23.22%、18.10% 和 58.05%。可进一步估算得我国煤炭资源的平均采出率为 37.08%，露天开采和井

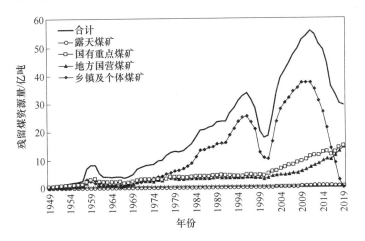

图 2-3　我国 1949～2019 年不同类型煤矿形成的残留煤资源量

工开采的资源采出率分别为 88.44% 和 35.24%，而井工开采三类煤矿的采出率依次为 54.21%、38.56% 和 20.57%。

由图 2-3 可知，我国历年残留煤资源量变化趋势与原煤产量基本相同，各类煤矿中，露天煤矿由于产量相对较低，且采出率最高，故所形成的残留煤量最少；国有重点煤矿的产量最大，但采出率较高，其所形成的残留煤资源量远低于乡镇及个体煤矿的残留煤资源量；乡镇及个体煤矿产量比例较大，但采出率最低，故形成的残留煤资源总量最大；地方国营煤矿的产量最小，采出率较低，其所形成的残留煤资源量介于国有重点煤矿和露天煤矿之间。

2.2.2　残留煤资源分布特征

1949~2011 年国内各省市（不含港澳台）的原煤产量情况[108, 122]，以及 1980~2009 年各省市不同煤种的产量情况[108]，分别如图 2-4 和图 2-5 所示。由图 2-4 可知，各地理区域当中，华北地区产量最大，占 38.86%，其他各区域煤炭产量基本相当，所占比例介于 10%~14% 之间。各省市中，除天津市外，其余各省市均有煤炭产出，但产量差异较大。山西省产煤量最大，为 127.12 亿吨，占 1949~2011 年期间全国煤炭产量的 22.92%，其次是内蒙古，产量为 53.59 亿吨，占全国的 9.66%，其产煤量较大（比例大于 5%）的省市还有河南省、山东省、黑龙江省、河北省和陕西省，上述 7 个省份的煤炭产量总计占全国的 62.61%。各省 1980~2009 年期间不同煤种的产量统计结果表明，我国的煤炭产量以烟煤为主，几乎各产煤省市均有生产；其次是无烟煤，主要产地为山西、河南、湖南、贵州、四川和湖北等省份，上述各省无烟煤产量之和占我国无烟煤产量的

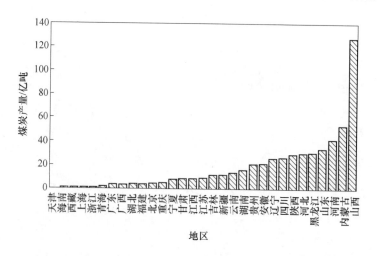

图 2-4　我国 1949~2011 年各省市（区）煤炭产量[108, 122]

71.37%；褐煤的产量最少，产地以内蒙古为主，其褐煤产量占全国的53.32%，此外，山西省、云南省和陕西省也生产一定量的褐煤，如图2-5所示。

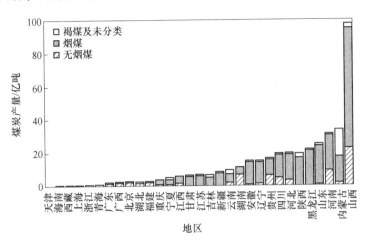

图 2-5 我国 1980~2009 年各省市（区）不同煤种产量[108]

忽略各地区煤矿和不同煤种资源采出率的差异，可推算出我国各省市 1949~2019 年期间所形成的不同煤种的残留煤量，如图 2-6 所示。由图 2-6 可知，残留煤资源量的分布情况与各地煤炭产量关系密切，我国华北地区残留煤资源量最大，达 558.94 亿吨，占总量的 38.86%，主要是由于该区域内的山西省、内蒙古和河北省一直是中国的产煤大省，其残留煤资源量依次为 329.68 亿吨、138.97 亿吨和 78.98 亿吨，分别占全国的 22.92%、9.66% 和 5.49%，在各省市中排名分别为第一、第二和第六。其他残留煤资源量较大的地区有：河南、山东、黑龙江、陕西、四川、辽宁、安徽和贵州，残留煤资源量依次为 109.41 亿吨、88.28

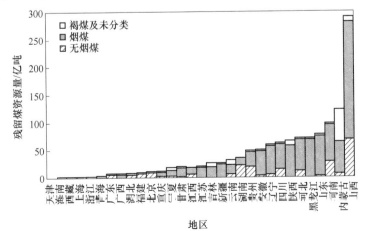

图 2-6 我国 1949~2019 年各省市（区）不同煤种的残留煤资源量

亿吨、79.50 亿吨、75.69 亿吨、68.66 亿吨、76.77 亿吨、54.96 亿吨和 54.40 亿吨，所占比例分别为 7.61%、6.14%、5.53%、5.26%、4.77%、4.71%、3.82% 和 3.78%。上述 11 个省的残留煤资源总量达 1146.29 亿吨，占全国的 79.70%。

2.2.3 残留煤资源赋存条件

根据第三次全国煤田预测[123]，我国共划分有华北、西北、东北、华南、滇藏等五大赋煤区，煤炭资源储量分别占全国的 50.48%、35.52%、7.06%、6.79% 和 0.14%，煤层赋存条件普遍比较复杂。华北区煤田分布范围最广、煤层连续性最好，以中厚至厚（1.3~8m）煤层为主，煤层赋存稳定，局部区域褶曲和断层较为发育；西北区煤层分布于 80 余个不同规模的内陆坳陷盆地，以中厚至厚煤层为主，最大可达 120m（吐鲁番—七克台），煤层稳定，天山南北的含煤盆地中发育逆冲推覆构造；东北区由 40 余个规模不等的聚煤盆地组成，含煤性较好，常有巨厚煤层赋存，在抚顺、沈北等盆地煤层最厚可达 90m，成煤时代晚，构造变形弱；华南区煤田分布范围广、煤层连续性好，但煤层单层厚度一般小于 2m，褶皱和断裂等构造发育，煤层破坏严重，稳定性差；滇藏区煤层分布广、层数多，通常厚度薄（≤1m），且稳定性差。整体而言，华北和西北赋煤区的赋存条件优于其他 3 个区域。

研究表明[124, 125]，我国煤矿的开采深度整体向深部延伸，根据相关数据，可拟合出煤矿开采深度与年份的关系曲线，如图 2-7 所示。由图 2-7 中的拟合公式，

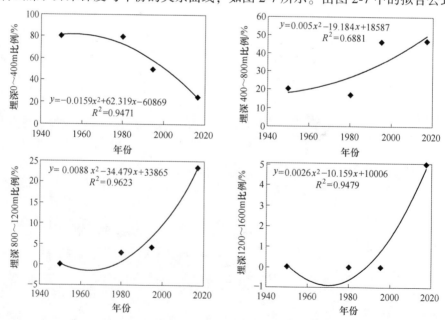

图 2-7 煤矿开采深度与年份关系曲线[124, 125]

可获得历年不同采深的煤炭产量比例，与历年滞留煤资源量相乘，即可得出历年不同埋深的残留煤资源量。计算过程中，当采用拟合公式计算某个埋深范围内煤炭产出比例为负数时，直接取零，表示该埋深区域在某时间段内没有煤炭产出。此外，考虑到埋深 $400\sim800m$ 的煤炭产出比例与时间的相关性较弱（$R^2=0.6881<0.9$），该埋深区产量比例可通过100%减去其他3个埋深区产量比例之和获得。

结果表明，我国残留煤资源主要分布于800m以浅的区域，占总量的85.05%，位于 $0\sim400m$、$400\sim800m$、$800\sim1200m$ 和 $1200\sim1600m$ 埋深的残留煤资源量分别为722.60亿吨、500.64亿吨、174.99亿吨和40.04亿吨，所占比例依次为50.24%、34.81%、12.17%和2.78%，如图2-8所示。

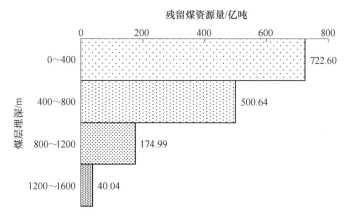

图2-8 我国 1949~2019 年期间形成的残留煤资源量埋深分布

2.2.4 残留煤资源煤质

根据调研的我国 1949~2009 年期间不同煤种的生产情况[108]，忽略各煤种之间的采出率差异，可估算出 1949~2019 年期间所形成的不同煤种残留煤资源量，如图2-9所示。

由图2-9可知，不同煤类中，烟煤的产量最大，为365.64亿吨，占总产量比例达76.23%，其次为无烟煤和褐煤，产量依次为90.32亿吨和21.71亿吨，比例分别为18.83%和4.53%。而烟煤中又以气煤、焦煤、长焰煤和肥煤产量较大，分别为62.07亿吨、44.15亿吨、32.55亿吨和30.33亿吨，所占比例（总产量）依次为12.94%、9.20%、6.79%和6.32%。这主要有两方面原因，一方面是在我国现有探明储量中，烟煤、无烟煤和褐煤分别占75%、12%和13%[24]，储量决定着产量；另一方面，烟煤中气煤、焦煤、长焰煤和肥煤可作为动力煤、炼焦

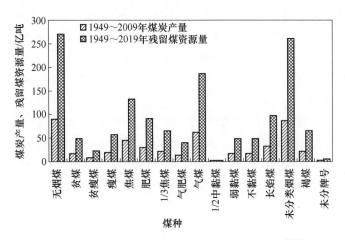

图 2-9　我国不同煤种的煤炭产量和残留煤资源量[108]

煤和化工原料，用途广泛，市场需求量大，而无烟煤常作为动力煤，褐煤水分高、热值低，一般作为气化原料，两者的市场需求量较小。

受产量影响，各类煤种中，烟煤的残留煤资源量最大，其次为无烟煤和褐煤，分别达 1096.45 亿吨、270.84 亿吨和 65.10 亿吨，而烟煤中气煤、焦煤、长焰煤和肥煤的残留煤资源量依次为 186.12 亿吨、132.39 亿吨、97.61 亿吨和 90.96 亿吨。不同煤种的残留煤分布方面，烟煤几乎在各产煤省市均有分布；无烟煤主要分布于山西省、河南省、湖南省、贵州省、四川省和湖北省等地，共占 71.37%；褐煤则以内蒙古为主，占 53.32%，此外，山西省、云南省和陕西省也有一定数量的分布。不同煤种的残留煤资源在各省市的分布详细情况如图 2-6 所示。

2.3　残留煤资源类型及复采技术

我国残留煤资源具有储量巨大、分布广泛和条件复杂等特点，需进一步研究残留煤资源的形成原因，并根据成因划分类型，为我国残留煤资源复采奠定基础，对提高煤炭资源的采出率具有重要意义。本节分析了我国残留煤资源的形成原因，根据残留煤的成因和特点将其划分为 5 种类型，阐述了现有残留煤资源复采技术现状，并对新型残留复采技术——地下气化进行了介绍，构建了残留煤资源高效、安全、绿色复采开采技术体系。

2.3.1　残留煤的成因及分类

我国残留煤资源形成主要原因包括地质构造复杂、水文地质条件复杂、开采技术条件复杂、矿井规划需要以及地面设施保护等。根据残留煤资源的特点，大致可将其分为"三下"残留煤资源、薄煤层残留煤资源、保护性煤柱残留煤资源、因条件复杂而无法开采的残留煤资源和采空区残留煤资源等5种类型。

2.3.1.1 "三下"残留煤资源

在煤矿生产和建设过程中，经常会遇到各类水体、建筑物和铁路等"三下"压煤的问题，为了保护这些地表构筑物安全，部分压覆资源无法进行开采，从而造成了地下资源的积压。我国"三下"压煤现象十分普遍，据国有重点煤矿的统计分析[126]，全国"三下"压煤约137.9亿吨。随着工农业生产的发展，建筑下压煤有增大趋势，很多矿区建筑下压煤占到矿区可采储量的60%，严重制约着矿区的生产和可持续发展。

2.3.1.2 薄煤层残留煤资源

根据我国煤层厚度划分，小于1.3m属于薄煤层，小于0.8m属于极薄煤层。据统计[127]，我国薄煤层共赋存670亿吨，我国统配煤矿现有矿井薄煤层可采储量占全部煤层可采储量的20.85%。薄煤层因其地质赋存条件的限制，并不为煤矿企业所重视，开采中常被作为残留煤资源来处理。

2.3.1.3 保护性煤柱残留煤资源

出于安全生产需要，煤矿生产过程中会留设各种隔离煤柱和护巷煤柱，这类残留煤资源主要包括：设计规定不回收的工业广场煤柱储量；设计规定不回收的主、副、风井井筒保护煤柱储量；设计规定不回收的全矿井或为一个采区以上服务的大巷保护煤柱储量；井田边界等安全隔离煤柱储量；采区煤柱、三角煤；含水层或积水老窑防水煤柱储量；设计规定的断层、钻孔附近的防水煤柱储量。煤柱一般只能回收40%~50%，部分全部损失。

2.3.1.4 因条件复杂而无法开采的残留煤资源

条件复杂是指水文地质条件极复杂、地质构造极为复杂、煤质差、开采技术条件复杂。因煤层赋存条件复杂，导致其无法开采而形成滞留，具体包括：受顶底板含水层威胁，煤层无法安全开采；煤层顶底板有含水小窑并在突水后，经采取措施仍无法解决；遇到影响开采的断层或褶曲；由于岩浆岩侵入、古河床冲蚀、陷落柱、自然烧变区等影响使局部煤层受到破坏或煤质变差；断层密集带、断层间的狭小块段；煤层顶板破碎，管理困难；开采后经洗选灰分仍超过规定标准，且无销售对象的煤层或块段；采空范围内因自然灾害或其他原因遗留下来的无法再利用的孤立块段；风氧化带至回风水平之间的煤层，虽采取措施仍无法采出的储量；极近距离煤层，采动其中一层，就会破坏另外的煤层以致无法再开采的煤层储量。因上述原因而无法开采的煤层或块段，均可划分为该类型残留煤。

2.3.1.5　采空区残留煤资源

采空区残留煤资源主要是由于厚煤层分层开采或放顶煤开采、中厚煤层开采、落后采煤方法开采过程中遗留在采空区的顶底板煤或工作面浮煤等。

2.3.2　残留煤资源传统物理复采技术

传统残留煤资源复采技术主要有长壁充填采煤法、刨煤机采煤法、螺旋钻采煤法、条带采煤法、房柱式采煤法和水力采煤法。

2.3.2.1　长壁充填开采

长壁充填采煤法是指在长壁采煤法基础上增加采空区的充填环节，以达到减少覆岩变形的效果，根据地表构筑物的重要性，可采取部分充填或全部充填，该方法多用于"三下"采煤。其优点是：工作面可实现机械化，综采效率高，可保护地面构筑物，减少采煤引起的地质灾害，保护土地和地下水资源，并有效缓解矸石对环境的污染。缺点是：成本高，工艺系统复杂。充填开采在我国应用广泛、技术成熟，充填材料形式多样，主要有矸石、河砂、膏体和高水材料等，如山东新汶矿区的矸石充填[128]、山东淄博岱庄煤矿的条带煤柱膏体充填[129]、山东新汶矿业孙村煤矿的似膏体充填[29]以及河北邯矿集团陶一煤矿的超高水材料充填[130]。

2.3.2.2　刨煤机开采

刨煤机是一种用于薄煤层开采的普采、综采工艺设备，集"采、装、运"功能于一体，配备自动化控制系统可实现无人工作面全自动化采煤设备。国内辽宁铁法、河南平煤采用该方法实现了薄煤层的综合机械化开采。以平煤集团二矿某工作面为例，其开采技术条件为：煤层厚度为 1.2~1.4m，硬度系数 $f=2$，倾角为 4°~8°（平均 5.5°），顶板为 0.5~1.11m 厚深灰色泥岩，底板为厚 6m 深灰色泥岩或砂质泥岩夹细砂岩，地质构造较简单，采用 BH30/2×60 滑行刨煤机、SGD630/220 型单中链刮板输送机等主要配套设备，配合工字钢梯形棚支护，取得了月平均推进度 66.25m、月产量 1.5 万吨的成绩。

2.3.2.3 螺旋钻开采

螺旋钻采煤法是一种在煤层中有间隔地打大口径钻孔的采煤方法,通常在露天矿由于覆盖层变得过厚而剥离不经济时采用,也用于薄煤层或极薄煤层开采。为解决 1.0m 左右的薄煤层采用传统的炮采和普采工艺工序复杂、劳动强度大、效率低、经济效率差和顶板管理难度大等问题,新汶矿区从乌克兰引进 BSHK-2DM 型螺旋钻采煤机组,实现了 1m 以下煤层的机械化开采。新汶矿区生产经验表明,厚度在 0.6m 以上的煤层都能采用螺旋钻开采。此外,螺旋钻还可用于采空区残留煤的回收,如义马煤业采用 YDBSHK-2DM 型螺旋钻采煤机组成功实现了对某矿 635 已采工作面采空区残留煤的回收[131]。

2.3.2.4 条带开采

条带采煤法是一种部分开采方法,它是将要开采的煤层区域划分为比较正规的条带形状,采一条、留一条,使留下的条带煤柱足以支撑上覆岩层的重量,使得地表只产生较小的移动和变形。根据条带开采的布置方式,条带开采可分为走向条带开采、倾斜条带开采和伪斜条带开采三种。与一般长壁采煤方法相比,条带开采虽然采出率低、掘进率高、工作面搬家次数多,但其开采后引起的地表移动和变形较小,在煤矿开采中应用较为广泛。我国先后在 10 多个省、100 多个工作面进行了条带开采,取得了丰富研究成果和实际观测资料。国内条带开采多采用冒落法管理顶板,一般情况下,采深小于 400m,开采厚度小于 6m,采出率为40%~78.6%。条带开采一般用于回收"三下"压煤以及井筒、大巷和采区的保护煤柱,若增加充填环节,还可用于开采复杂条件下的煤层资源。

2.3.2.5 房柱式开采

房柱式开采是一种柱式体系采煤法,采煤时煤房间留设不同形状的煤柱,采煤房时煤柱暂时支撑顶板,采完煤房后有计划地回收所留的煤柱,如顶板稳定,可直接回收全部煤柱;反之,则要保留部分煤柱。柱式体系采煤法在美国、澳大利亚、加拿大、印度和南非等国家应用较为广泛,在我国部分地质条件较适合的煤田,尤其是平硐开拓的中小型矿井有所使用。房柱式开采的主要设备一般包括连续采煤机、转载机、带式输送机和锚杆机等,形成连续采煤机房柱式开采工艺,具有采掘合一、边掘边采等特点,适用于埋藏深度较浅、赋存较为稳定、近水平、煤质较坚硬、顶板中等稳定、底板不易软化的煤层条件,一般用于回收"三下"压煤、薄煤层以及井筒、大巷和采区的保护煤柱。20 世纪 80 年代初,我国开始采用连续采煤机,但主要用于巷道掘进和短壁开采,1986~1988 年鸡西小恒山矿采用连续采煤机双翼巷柱式采煤法，开采厚度为 0.7~1.3m 的薄煤层，月产量最高 2.15 万吨[132]；2000 年左右，兖州南屯煤矿在国内率先进行了房式采煤法的工业试验，解决了河流和村庄下的煤炭开采问题[133]。

2.3.2.6　水力开采

水力采煤法，简称水采，是一种在井下用水射流击碎煤体并兼用水力运输提升的采煤方法，主要有倾斜短柱式（漏斗式）和走向短柱式（小阶段式）两种形式。水力采煤法的水力运、提可使矿井装、运、提升作业实现集中化，简化矿井生产环节，具有机械化程度高、空气含尘量低、生产安全可靠、经济效益好和适应能力强等优点，同时也存在通风系统不完善、回采率低（60% 左右）、巷道掘进率高和准备工作量大等缺点。水采主要适用于厚度为 1~8m、倾角超过 6°~8°、顶底板较好、瓦斯不大的软或中硬煤层条件，且在大倾角或不规则煤层中的应用效果优于传统采煤方法。20 世纪 70 年代，国内开始在急倾斜煤层和地质条件多变的不规则煤层中发展水采。目前，中国已积累了较完整的水采技术经验，并研制了系列设备。1980 年后水力采煤年总产量约为 500 万吨。水力开采可用于回收"三下"压煤以及井筒、大巷和采区的保护煤柱。

2.3.3　残留煤资源新型化学复采技术

残留煤资源的赋存条件复杂、形态多变，传统复采技术难以适应所有类型的残留煤资源特点，如劣质煤（如褐煤、风氧化带）以及高瓦斯、煤与瓦斯突出、易自燃、冲击地压煤层，且普遍存在效率低、工作环境差、劳动强度大以及安全性差等缺点，因此，亟需发展一种新型残留煤开采技术作为传统复采技术体系的补充，而地下气化技术正好可以填补这一空白。地下气化技术集建井、采煤、地面气化三大工艺为一体，具有适应性强、工作环境好、工作面无人化、劳动强度低、安全性好、投资少、效益好、污染少等优点。该技术不仅可以回收矿井遗弃煤炭资源，而且还可以用于开采井工难以开采或开采经济性、安全性较差的薄煤层、深部煤层、"三下"压煤和高硫、高灰、高瓦斯煤层[15]。作为一种化学采煤方法，地下气化是一项残留煤资源复采技术革新，与传统复采技术可形成优势互补。

在地下气化技术发展及探索方面，我国是世界上研究较早、试验最多、突破最大、发展规划和产业纲要制定最完备的国家，并已形成了符合中国煤炭工业特点的地下气化工艺技术体系。根据气化工作面的长度不同，我国地下气化工艺主要可划分为长壁开采和短壁开采两大类，其中前者以"长通道、大断面"地下气化工艺为代表，而后者则以条带式地下气化工艺为代表。

2.3.3.1 "长通道、大断面"地下气化

"长通道、大断面"地下气化工艺是在吸取苏联和美国相关技术基础上发展而来，以"长通道、大断面"炉型为基础，配合特有的注气工艺。气化通道为普通煤巷，其断面一般在 4m² 以上，气化通道断面加大后，供风阻力降低，电耗降低，单炉产气量增大，单位时间内燃烧煤量较多，热稳定性较好；气化通道（包括气流通道）长度增加后，反应表面积增大，热解煤气产量大，煤气热值高，单炉服务时间长。气化工艺可采用富氧、蒸汽、空气连续气化或空气-蒸汽两阶段等。众多地下气化工艺中，"长通道、大断面"地下气化在我国应用最为广泛，先后应用于徐州新河二号井、唐山刘庄矿、山东新汶、肥城和山西昔阳等地下气化工业性试验工程中[55, 134, 135]，可用于回收大块段煤柱、薄煤层以及劣质煤等残留煤资源。

2.3.3.2 条带式地下气化

气化工作面无大型设备，条带式开采布置更加适应废弃矿井残留煤块段形状不规则的特点，且有助于深部采场围岩稳定性的控制。近年来，条带开采工艺已被成功应用于国内外多个地下气化工业性试验，如甘肃华亭[99]、贵州山脚树[103] 和澳大利亚 Bloodwood Creek[62] 等。在条带开采基础上可再添加燃空区充填环节，从而形成条带充填式地下气化工艺，以进一步提升燃空区围岩控制效果和煤炭资源采出率。条带充填式地下气化区别于综合机械化长壁工作面开采、重型机械设备和全部垮落法顶板管理工艺，该技术采用"条带充填"工作面布置方式、新型轻型流体化气采设备和采后充填顶板管理工艺，以避免煤层开采后沟通、破坏含水层，顶板大面积垮落，地表变形破坏等现象发生，适用于多种残留煤资源的回收。重庆中梁山[77, 136] 和甘肃华亭[68] 地下气化工业性试验工程实践表明，条带式地下气化工艺可用于"高瓦斯、急倾斜、严重突出、强黏结性"薄煤层以及衰老或关闭矿井的滞留煤柱、边角块段、"三下"压煤等难采煤层的开发。

2.3.4 残留煤资源复采技术体系

煤炭是不可再生资源，提高煤炭资源回收率，最大限度地延长矿井服务年限，是关系到矿区长远发展和职工切身利益的大事，对煤炭工业的可持续发展具有重要意义。我国残留煤资源量大、面广，不同矿区资源条件差异较大，单纯靠某种或少数几种复采技术难以实现对所有类型残留煤资源的安全有效回收。为此，针对不同类型残留煤资源的特点，结合当前物理采煤技术和地下气化工艺的

适用条件，将各类残留煤资源与相适用的复采技术进行了匹配，构建了较为完善的残留煤资源复采技术体系（见图2-10），以求最大限度地实现残留煤资源的高效、安全、绿色开发。

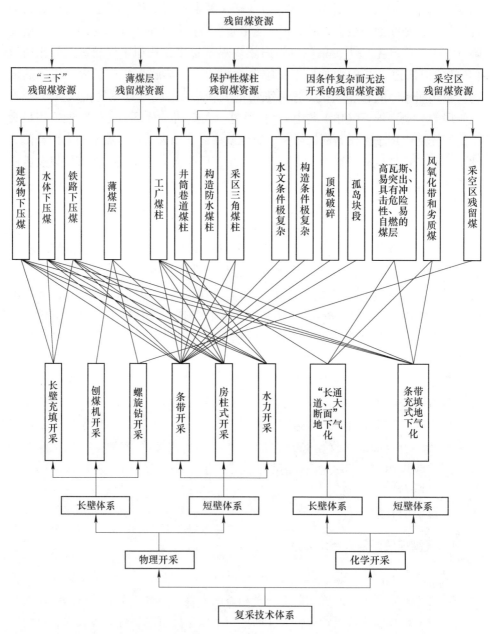

图2-10　残留煤资源复采技术体系示意图

3 残留煤地下气化可行性影响因素分析

煤炭地下气化概念最早由德国工程师 William Siemens 于 1868 年提出，20 世纪 30 年代开始在苏联进行大规模工业试验。其技术历经了 80 余年现场试验发展，到目前仍未实现产业化应用。有学者认为，造成这一现象的主要原因之一是系统性地质工作尚不到位，故需要从战略高度上充分理解我国煤炭资源禀赋对当前地下气化技术的适应性，并建议对地下气化技术应持谨慎的乐观态度，鼓励选择适宜地质条件开展工业性试验探索[137]。作者认为，以地下气化当前的技术成熟度，可将其视为常规物理采煤技术的重要补充，用于开发常规采煤方法难以或者无法开采的残留煤资源，并探索绿色、低碳、循环的煤炭资源综合利用之路。我国残留煤资源赋存条件复杂多变，应结合地下气化技术特点构建评价体系，除资源条件适应性外，还应对技术、经济和环境等因素进行全方位地量化评价。可行性影响因素的分析是构建残留煤地下气化综合评价指标体系的前提和基础，因此，综合评价因素选择与指标取值对评价指标体系构建的合理性至关重要。本章从资源条件、技术方案、经济效益、环境影响、安全保障和能耗水平等六个方面着手，系统分析了各项因素对地下气化项目可行性的影响，并确定了不同指标的合理取值范围。

3.1 资源条件

采煤方法的选择主要取决于拟开采煤层的赋存条件，作为一种采煤方法，地下气化也有其适宜的煤层资源条件。影响地下气化的资源条件包括地质构造、水文地质、煤层赋存条件、煤质、储量、开采技术条件以及地面建厂条件等。

3.1.1 地质构造

地质构造对地下气化的主要影响在于会破坏煤层的连续性和稳定性，从而中断或紊乱地下气化过程，因此，对地下气化会产生影响的地质构造主要为断层、陷落柱和岩浆岩侵入等。断层和陷落柱会破坏煤层的连续性，且构造区域的围岩破碎，易沟通含水层；而岩浆岩侵入煤层，将其切割、穿插、蚕食或吞蚀，不仅影响煤层连续性，而且会改变周围煤层厚度和煤质，尤其是会提高煤中的灰分含量[138]。地下气化技术优点之一就是可用于开采那些结构复杂的煤层，但要求连续的煤层块段至少可以布置一个气化工作面，并能够在其顶底板和四周留设一定尺寸的隔离煤岩柱，以防止气流泄漏，中断气化过程[139]。否则，应避免在上述构造分布密集的区域布置气化工作面。为了确定地下气化对断层、陷落柱和岩浆岩侵入等构造的适应情况，需要对这些构造的复杂程度进行量化处理。

3.1.1.1 断层复杂程度

断层复杂程度 Z_1 可通过断层密度 D 和断层长度指数 L 来表示，见式(3-1)[140]：

$$Z_1 = D^{0.7} + \frac{L}{2850 + 150D} - 0.3824 \tag{3-1}$$

式中，断层密度 $D = n/S$（其中，n 为评价块段内断层数量，S 为评价块段面积），条/km²；断层长度指数 $L = \left(\sum_{i=1}^{n} l_i \right) /S$（其中，$l_i$ 为评价块段内第 i 条断层延伸长度），m/km²。

根据式（3-1）可计算得断层构造复杂程度的量化结果，并根据相关研究确定地下气化对不同复杂程度地质构造的适应情况。当 $Z_1 \leqslant 1$ 时，表示评价块段内断层构造数量较少，适宜地下气化开采；当 $1 < Z_1 < 3$ 时，表示评价块段内断层结构基本适宜地下气化；当 $Z_1 > 3$ 时，表示评价块段内断层结构复杂，不适宜地下气化[14]。

3.1.1.2 陷落柱复杂程度

陷落柱复杂程度的定量评价可通过构造面积损失系数 Z_2 来表示[140]：

$$Z_2 = \sum_{i=1}^{n} \frac{S_i}{S} \tag{3-2}$$

式中，S_i 为评价块段内第 i 个陷落柱影响面积，km²；S 为评价块段面积，km²；n 为评价块段内陷落柱数量。

Z_2 表示了陷落柱构造对煤层的破坏程度，其值越小越适宜地下气化，一般地，当 $Z_2 \leqslant 5\%$ 时，表示对地下气化开采影响很小；当 $5\% < Z_2 \leqslant 30\%$ 时，表示影响中等；当 $Z_2 > 30\%$ 时，表示影响很大。

3.1.1.3 岩浆岩侵入复杂程度

岩浆岩侵入复杂程度的定量评价可通过岩浆岩强度指数 Z_3 来表示[140]：

$$Z_3 = \sum_{i=1}^{n} \frac{S_i}{S} \eta_i \tag{3-3}$$

式中，S_i 为评价块段内第 i 个侵入体影响面积，km²；S 为评价块段面积，km²；n 为评价块段内岩浆侵入体数量；η_i 为侵入体破坏厚度与煤层厚度的比值。

Z_3 从平面和剖面上综合反映了岩浆岩对煤层的影响，其特点与 Z_2 相近，因此，认为 Z_3 对地下气化开采影响程度的取值范围与 Z_2 相同。

3.1.2 水文地质

气化区的水文地质条件对地下气化的影响主要有两点：（1）过量地下水涌入气化工作面影响甚至中断气化过程；（2）地下气化产生的污染物渗透或迁移污染地下水。为了避免上述两种情况发生，应当选择涌水量适宜且与重要含水层无水力联系的煤层进行地下气化。因此，选取气化煤层的涌水量、与含水层距离、隔水层厚度等指标对气化区的水文地质条件进行评估，以作为选址决策的依据。

3.1.2.1 涌水量

地下气化水分来源主要有：（1）原煤水分；（2）原煤挥发分热解产生的水分；（3）围岩含水量；（4）地下水渗入；（5）气化剂带入水分[141]。气化炉涌水量主要来源于（3）和（4），对地下气化影响很大。少量水分对气化过程是有利的，但当涌水量超过一定限度时，会降低炉温，导致煤气热值急剧下降，甚至中断气化过程。由于不同煤种的含水量不同，其地下气化过程中所能允许的涌水量也有所差异，比如烟煤为 $0.7 \sim 1.5\,\text{m}^3/\text{t}$，褐煤为 $0.3 \sim 1.0\,\text{m}^3/\text{t}$，高含水褐煤则不允许气化炉进水[142]。另一项研究表明[141]，地下气化炉连续稳定产气时期，涌水量以 $0.3 \sim 0.4\,\text{m}^3/\text{t}$ 为宜，而当涌水量超过 $0.7\,\text{m}^3/\text{t}$ 时，将可能导致气化过程中断。综上所述，气化工作面的适宜涌水量应小于 $0.4\,\text{m}^3/\text{t}$，而当涌水量大于 $0.7\,\text{m}^3/\text{t}$ 时，则认为不适宜进行地下气化，或者需采取针对性措施后才适宜地下气化。

3.1.2.2 与含水层距离

根据相对于气化煤层的位置，可将含水层分为顶板含水层和底板含水层，二者在距离气化煤层的要求上有所不同，现对两种情况分别进行讨论。

A 与顶板含水层距离

为避免地下气化开采对顶板含水层产生影响，原则上不允许导水裂隙带沟通含水层，即含水层与气化煤层（开采上限）的距离应大于燃空区顶板的导水裂隙带最大高度（H_1），如图 3-1 所示，气化煤层至顶板含水层的安全距离可由式（3-4）确定[143]。

$$H_f = H_1 + H_b \tag{3-4}$$

式中，H_f 为防水煤岩柱的垂高，m；H_1 为导水裂缝带最大高度，m（可根据覆岩岩性和开采厚度 m 确定，详见表 3-1，计算时应注意气化工作面高温对顶板强度的影响）；H_b 为保护层厚度，m 一般取 5~30m，当含水层底部有厚隔水层时，允许导水裂缝带延伸至隔水层内，可取 2~15m。

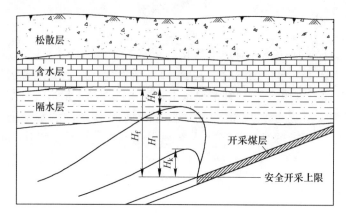

图 3-1　防水安全煤岩柱的留设示意图

表 3-1　导水裂缝带最大高度 H_1 的计算公式[143]

岩性描述	岩石种类	岩石强度	H_1 计算公式
隔水性不好的坚硬覆岩	主要为石英砂岩、石灰岩、砂质页岩、砾岩等	单向抗压强度 40~80MPa	$H_1 = \dfrac{100m}{1.2m + 2.0} \pm 8.9$
隔水性较好的中硬覆岩	主要为砂岩、泥质灰岩、砂质页岩、页岩等	单向抗压强度 20~40MPa	$H_1 = \dfrac{100m}{1.6m + 3.6} \pm 5.6$
隔水性好的软弱覆岩	主要为泥岩、泥质砂岩等	单向抗压强度 10~20MPa	$H_1 = \dfrac{100m}{3.1m + 5.0} \pm 4.0$
隔水性很好的极软弱覆岩	主要为铝土岩、风化泥岩、黏土、砂质黏土等	单向抗压强度 0~10MPa	$H_1 = \dfrac{100m}{5.0m + 8.0} \pm 3.0$

注：用表中公式预计某一工作面开采后导水裂缝带最大高度时，第二项（中误差）可取正号。

B　与底板含水层距离

底板含水层与气化煤层的距离应保障含水层不会被加热到 100℃[142]。研究表明[97, 100]，当与气化工作面的距离超过 10m 后，围岩的温度接近原始地温。此外，当底板含有承压含水层时，必须确保承压含水层与开采煤层之间的隔水层能够承受的水头值大于实际水头值，才能避免气化开采后燃空区发生底板突水事故。一般采用突水系数作为预测预报底板突水与否的标准，计算见式（3-5）[144]：

$$T_s = \frac{p}{h} \qquad (3-5)$$

式中，T_s 为突水系数，MPa/m；p 为含水层水压，MPa；h 为完整岩层或有效保护层带厚度，即煤层底板至承压含水层距离减去底板采动破坏带深度和承压水导升带高度，m。

根据式（3-5）计算得到的突水系数可评判底板突水可能性，详见表 3-2。

表 3-2　突水系数划分与底板突水可能性评价[145]

构造复杂程度	突水系数划分与底板突水可能性评价			
	<0.06	0.06~0.1	0.1~0.15	≥0.15
构造简单	安全	较安全	危险	极危险
构造复杂	安全	较危险	危险	极危险

3.1.2.3　隔水层厚度

此处隔水层是指渗透性较差的岩层，如泥岩和黏土等。隔水层能有效隔离气化区和含水层，但前提条件是隔水层的结构不被破坏，即裂隙带不完全穿透隔水层。研究认为[142]，有效隔水层的厚度要求与气化煤质、开采厚度均有关系，对于褐煤，顶板的隔水层厚度至少为煤层燃空区高度的 1.2~1.8 倍；对于烟煤，当煤层厚度为 0.8~2.3m 时，顶板隔水层厚度不小于煤层厚度的 0.9~1.8 倍，当煤层厚度为 3.0~9.0m 时，隔水层厚度不小于煤层厚度的 2~4 倍；而煤层底板的隔水层厚度至少应在 2.0m 以上。

3.1.3　煤层赋存条件

煤层赋存条件主要包括埋深、厚度、倾角和稳定性等，这些因素对地下气化炉结构和密闭性，以及地下气化热效率、稳定性和经济性具有重要影响。

3.1.3.1　煤层埋深

煤层埋深对地下气化炉的密闭性和炉内压力有一定影响，埋深太浅，燃空区覆岩裂隙易沟通地表，从而发生漏气事故；埋深太大，虽然气化炉密闭性增强，炉内压力也可适当提高，但同时会提高技术难度、设备投资和运行成本。目前，对于地下气化适宜的煤层埋深，国内外研究尚无统一定论。欧美和苏联学者普遍认为地下气化适宜开采埋深超过 1000m 的煤层，并积极开展了深部煤层地下气化的理论和实践研究[146, 147]。由于我国地下气化工业性试验大多是在生产煤矿或废弃煤矿基础建设的，故国内地下气化煤层的埋深范围主要集中在 100~500m[68, 134, 136, 148~150]，对于深部煤层地下气化的研究则较少。深部煤层普遍具有瓦斯含量高、地压大和地温高等特点，采用有井式地下气化建炉技术难度大、安全性差、成本高，而国内在无井式地下气化的理论、装备和实践等方面研究相对较少，尚不成熟。因此，从技术成熟度、安全性和投资成本的角度考虑，我国适宜地下气化开采的合理煤层埋深为 100~500m。

3.1.3.2　煤层厚度

一般认为，煤层厚度对地下气化的煤气热值、热效率和资源采出率有一定影响。有研究认为，气化煤层的厚度应至少为 0.8m[142]，当煤层厚度小于 2m 时，受顶底板岩层冷却作用影响，会导致地下气化热效率降低，煤气热值下降，在厚度为 2.5~5m 的煤层进行地下气化则较为经济合理[139]。煤层越厚，气化产生的煤气热值越高，但煤层的气化率（采出率）会降低，但当煤层过厚时，气化开采后燃空区覆岩的垮落范围会增大，裂隙易扩展至含水层或地表，因此，安全的气化煤层总厚度是 15.0m 以内[142]。统计表明[68, 134, 136, 148~150]，国内已有地下气化工业性试验的煤层厚度范围为 1.2~12.0m。基于前人研究和国内工程实践，认为我国适宜地下气化开采的合理煤层厚度为 1.2~12.0m。

3.1.3.3　煤层倾角

理论上，任何倾角的煤层都可采用地下气化进行开采，但应从建炉难度和气化过程稳定性两方面进行综合分析，选取最佳的煤层倾角。水平或缓倾斜煤层气化炉易于施工，但气化过程中岩块、灰分或液态渣容易覆盖住煤层，阻碍未反应煤与气化剂接触，还可能造成"煤层尖灭"现象，从而干扰甚至中断气化过程。随着煤层倾角的增加，上述情况会有所改善，但当采用有井式建炉方式时，巷道掘进和钻孔施工的难度会增大。研究表明，煤层倾角为 35° 时，比较适合地下气化开采[139]。而基于国内已有地下气化试验工程的数据统计发现，其煤层倾角主要介于 12°~65° 之间[68, 134, 136, 148~150]。综上所述，可将 12°~65° 作为地下气化煤层倾角的合理范围。

3.1.3.4　煤层稳定性

煤层稳定性是指煤层形态、厚度、结构和可采性在空间上的变化程度，其中煤层形态表示煤层在空间的展布特征，而煤层结构是指煤层中夹矸的数量和分布特征[140]。煤层稳定性的各项指标中，厚度和结构变化对地下气化的影响较大。

A　煤层结构

煤层结构通常采用所含夹矸数量和厚度进行评价。煤层中的夹矸多为泥质岩和黏土岩，它的存在不仅会减少煤层的实际厚度，而且会增加煤层的灰分，对地下气化过程产生不利影响。当煤层的夹矸厚度系数（夹矸总厚/煤层总厚）超过 0.30 时，煤的损失率将达到 15%~40%[151]。因此，地下气化选址时应对煤层中的夹矸总厚进行限制，当气化薄煤层（0.8~1.2m）时，其中夹矸的厚度不得超过 0.2m；当气化厚煤层时，夹矸厚度系数不应大于 0.50，且单层夹矸的最大厚度不宜超过 0.5m[142]。

B 煤层厚度变化

气化工作面没有大型机械设备，对煤层厚度变化的适应性较强，但为避免煤层太薄（小于 0.8m）影响产气效果，需要对气化区煤层厚度的变化情况进行评价。一般采用煤层可采性指数 K_m 作为煤层厚度变化的评价指标，其计算见式 (3-6)[140]：

$$K_m = \frac{n'}{n} \tag{3-6}$$

式中，n 为参与煤层厚度评价的见煤点总数；n' 为煤层厚度大于或等于 0.8m 的见煤点数。

根据式（3-6）的计算结果，可对煤层的稳定性进行评价，详见表 3-3。一般认为，地下气化适宜开采 $K_m \geq 0.80$ 的煤层，而不适宜开采 $K_m < 0.60$ 的煤层。

表 3-3 煤层可采性指数划分与煤层稳定性评价[152]

煤层可采性指数	≥0.95	0.80~0.95	0.60~0.80	<0.60
煤层稳定性	稳定煤层	较稳定煤层	不稳定煤层	极不稳定煤层

3.1.4 煤质特征

煤质是影响地下气化产气效果和消耗指标的关键因素之一，除焦煤外，其他煤种均适合进行地下气化[151]。煤质特性与成煤环境有很大关系，不同区域的同类煤种，其特性也可能存在较大差异，因此，单纯从煤种评价其地下气化特性显然是不够全面的，应先从煤的各项物理和化学特性着手，单独分析各项指标对地下气化的影响，再进行综合评价。煤的诸多特性对地下气化过程有不同程度的影响，其中某些关键特性起着决定性的作用，这些因素包括水分、灰分、挥发分、硫含量、反应性、黏结性、灰熔融性和热稳定性等[153]。

3.1.4.1 水分

地下气化过程中，原煤含水和部分地下涌水会参与气化反应。实践证明，适当的地下水源，有助于氢气生成，减少气化剂中的蒸汽用量；但当煤层含水量或地下涌水量较大时，水的相变和分解会消耗大量的热能，导致炉内温度下降，进而使得煤气组分变差，甚至淹没气化工作面。因此，地下气化对煤层含水量或地下涌水量有严格要求。国内外关于地下水量对地下气化影响的研究较少，地面常压固定床的特点与地下气化的相似，故可参照地面常压固定床的指标要求，但应注意两者原料煤特性和气化环境差异。

根据规定[154]，常压固定床气化对用煤的全水分（M_t）要求为：无烟煤 $M_t <$

6.00%，烟煤 $M_t<10.00\%$，褐煤 $M_t<20.00\%$。各类煤种的煤质特性不同，其水分含量要求也不一样。但应当注意的是，全水分是指煤中的外在水分和内在水分之和，而外在水分是附着在煤颗粒表面和裂隙中的水分，是煤在开采、运输、贮存或洗选过程中形成的。地下气化煤层不会形成外在水分，但需考虑地下涌水因素。综上所述，地下气化对各类原煤的水分要求如下：

无烟煤：　　　　　　　　　　$M_{ad}+M_{inf}<6.00\%$　　　　　　　　　　　　（3-7）

烟煤：　　　　　　　　　　　$M_{ad}+M_{inf}<10.00\%$　　　　　　　　　　　（3-8）

褐煤：　　　　　　　　　　　$M_{ad}+M_{inf}<20.00\%$　　　　　　　　　　　（3-9）

式中，M_{ad} 为地下气化原煤的空气干燥基水分，%；M_{inf} 为地下涌水量占地下涌水和原煤质量之和的比例（见图 3-2），%。

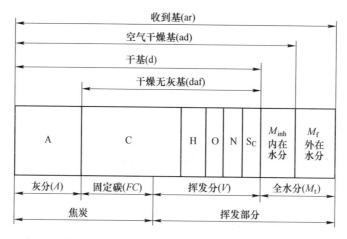

图 3-2　原煤成分及各种"基"的关系图

不同的煤种含水量差异较大，一般来说，煤化程度越低，煤的内部表面积越大，水分含量越高。当考虑地下涌水因素后仍满足要求时，说明煤层适宜地下气化，否则不适宜，或气化炉设计时需考虑排水设施。

3.1.4.2　灰分

灰分是煤中所有可燃物质完全燃烧反应后，其中的矿物质在高温下分解、化合所形成的惰性残渣，为金属和非金属的氧化物和盐类的混合体。灰分虽然不直接参与气化反应，但却对地下气化有三方面不利影响：（1）灰分要消耗煤在氧化反应中产生的热量，用于灰分的升温、熔化及转化，降低热效率；（2）灰分含量的增加，会加大气化过程中的碳损失和消耗指标，降低煤气产率；（3）灰分覆盖煤炭表面，致使气化剂与未反应煤的接触面积减少，降低气化效率。资料[155]显示，同样反应条件下，灰分含量每增加 1%，氧耗约增加 0.7%~0.8%，煤耗约增加 1.3%~1.5%。而对地下气化的研究表明[151]，当煤中的灰分含量超过 30% 时，煤气热值将呈下降趋势，且灰渣中的煤损失量将达到 15%~40%。灰分含量随着变质程度的加深总体呈先上升后下降的趋势，我国煤炭的灰分普遍较高。综上所述，若有条件应在地下气化选址时严格限制原煤中的灰分。

根据地面常压固定床的规定[154]，按照灰分含量，将用煤分为三个等级：Ⅰ级，$A_d \leqslant 12\%$，Ⅱ级，$12\% < A_d \leqslant 18\%$，Ⅲ级，$18\% < A_d \leqslant 25\%$。地面气化一般选取灰分 $A_d \leqslant 18\%$ 的煤作为原料。综上所述，可以认为，地下气化适宜开采灰分含量低于 18% 的煤层，而当煤中的灰分超过 30% 时，则不适宜进行地下气化。

3.1.4.3 挥发分

挥发分是指在隔绝空气的条件下，将煤在 900℃ 下加热 7min，煤中的有机质被分解，产生气体（CH_4、C_mH_n、H_2）和液体（焦油）的混合物（除去水分），挥发分 V_{daf} 是我国煤炭分类的指标之一。一般而言，随着煤化程度的加深，煤中挥发分呈降低趋势。挥发分高的原煤，地下气化的干馏阶段会产生较多的轻质烃（如 CH_4）和氢气，煤气热值较高，同时煤气中也会含有大量的焦油和酚。煤气中的焦油和酚可在预处理环节脱除干净并形成副产品，其装置投资和运行成本相对较低，市场较好时，还可提高项目收益。综上所述，原煤的挥发分越高对地下气化越有利。地面气化一般选取挥发分 $V_d \geqslant 20\%$ 的煤作为原料[156]，地下气化也可参考这一指标。一般挥发分的测试结果为干燥无灰基，为便于对比，需将干燥无灰基挥发分 V_{daf} 换算成干燥基挥发分 V_d，可利用干燥无灰基固定碳 FC_{daf}（或干燥基固定碳 FC_d）和干燥基灰分 A_d 进行换算（各类煤"基"之间的关系如图 3-2 所示），计算见式（3-10）和式（3-11）。

$$V_d = \frac{(100 - A_d)V_{daf}}{FC_{daf} + V_{daf}} \tag{3-10}$$

$$V_d = 100 - FC_d - A_d \tag{3-11}$$

3.1.4.4 硫分

虽然硫的存在不会对地下气化反应过程产生不利影响，但煤中 80%~85% 的硫会以 H_2S 和 COS 等硫的化合物形式进入合成气，如果煤种的硫分含量较高，会腐蚀输气管道和设备，限制煤气的后期利用，同时增大净化的装置投资和运行成本。因此，对于地下气化而言，硫是煤中的有害成分，需严格限制地下气化煤层的硫含量。煤中的硫分通常以全硫（$S_{t,d}$，包含有机硫和无机硫）作为评价指标。根据全硫含量的大小，地面气化常压固定床将用煤分为 3 个等级[154]：Ⅰ级，$S_{t,d} \leqslant 0.50\%$；Ⅱ级，$0.50\% < S_{t,d} \leqslant 1.00\%$；Ⅲ级，$1.00\% < S_{t,d} \leqslant 1.50\%$。上述规

定同样适用于地下气化，即当 $S_{t,d} \leqslant 0.50\%$ 时，表示适宜地下气化开采；当 $0.50\% < S_{t,d} \leqslant 1.50\%$ 时，表示基本适宜地下气化；当 $S_{t,d} > 1.50\%$ 时，表示不适宜地下气化。我国煤中的硫含量与煤种、赋存区域有关，研究表明，低煤化程度的煤硫含量低，且我国华南赋煤区煤中硫分含量要高于其他区域[157]。

3.1.4.5 反应性

煤的反应性又称煤的活性，是指在一定温度条件下，煤炭与 CO_2、$H_2O(g)$ 或 O_2 相互作用的反应能力，通常以煤对 CO_2 的还原率 α 来表示煤的反应性，因此也称为"煤对二氧化碳反应性"，α 值越高，表明煤的活性越高。α 的计算方法为[158]：

$$\alpha = \frac{100(100 - a - V)}{(100 - a)(100 + V)} \times 100 \tag{3-12}$$

式中，α 为 CO_2 还原率，%；a 为钢瓶 CO_2 气体中杂质气体含量，%；V 为反应后气体中 CO_2 含量，%。

测定了 8 种煤对二氧化碳的反应性，如图 3-3 所示。结果表明，褐煤的反应性最强，当反应温度超过 650℃后，其反应性迅速增强，并在 950℃时，α 达到 97.00%；天然焦也显示了较强的反应活性，当温度大于 800℃时，α 值快速上升，并在 1050℃时，达到 92.20%；瘦煤在 800℃之前的反应性与天然焦相近，但随着温度的继续上升，其增幅有限，并在 1100℃时，α 达到 74.25%；贫煤、无烟煤三号和无烟煤二号的反应活性接近，3 种煤样在 750℃时才显示出微弱的反应性，增幅稳定，当温度达到 1100℃时，三者的 α 值分别为 65.06%、73.16%

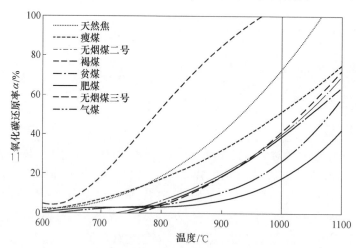

图 3-3 8 种煤对二氧化碳的反应性曲线

和66.50%；气煤和肥煤的反应性最弱，当温度小于800℃时，两者的 α 值低于5%，但随着温度的上升，气煤显示出比肥煤稍强的反应性，且当温度达到1100℃时，前者 α 值升至58.95%，而后者仅为42.21%。总而言之，随着煤化程度的加深，起始反应温度呈现先上升后下降的趋势，而1000℃时 CO_2 的还原率 α（1000℃）则先下降后上升，即反应活性先减弱后增强，这主要是由于煤反应活性主要受以下三点因素影响：

（1）煤的变质程度。随着变质程度加深，煤中的挥发分含量减少，其孔隙率（比表面积）也降低，煤的反应活性也随之降低。

（2）煤灰金属矿物质的催化作用。煤中的碱金属、碱土金属和过渡金属对煤气化过程都有一定的催化作用，其中 K 的催化效果最好，其次是 Na，这一催化作用可不同程度地提高煤的反应性。

（3）煤的黏结性。气化过程中高黏结性煤会降低煤层的透气性，减缓气化速率，进而降低煤的反应活性。

综上所述，褐煤的变质程度最低，且没有黏结性，故其反应性最好；烟煤中部分煤种，尤其是焦煤、肥煤、气煤的黏结性较强，故反应性较差；无烟煤的变质程度最高，但黏结性较弱，故其反应性介于褐煤和烟煤之间。

一般而言，反应性主要影响地下气化过程的起始反应温度，反应性越高，则发生反应的起始温度越低。当使用高活性煤炭作为气化原料时，由于气化反应可在较低的温度下进行，在气化过程中更不易发生结渣现象。因此，从测试结果来看，褐煤和天然焦的反应性非常适宜地下气化。而对于反应性较弱的煤种，当温度升至900℃以后，α 也会呈现较大幅度的增长。研究表明[66]，增加气化剂氧气的浓度可提升炉温，从而提高地下气化的产气质量和稳定性。因此，对于弱反应性的煤种，可采用富氧或纯氧气化工艺，但这样势必会增加产气成本。

目前，尚无关于原料煤反应性对地下气化影响的量化研究。地面气化一般根据 α（1000℃）将煤的反应性划分为三个等级：（1）当 α（1000℃）≤20%时，表示化学反应性弱；（2）20%＜α（1000℃）≤30%时，表示化学反应性中等；（3）α（1000℃）＞30%时，表示化学反应性强。总而言之，地下气化应尽可能选择反应性强的煤种，即适宜开采原煤 α（1000℃）＞30%的煤层，如褐煤等。

3.1.4.6 黏结性

煤的黏结性是指粉煤在隔绝空气条件下加热，本体黏结或与外加惰性物质黏结的能力，一般只有烟煤具有黏结性。黏结性是评价炼焦煤的主要指标，其强弱决定着煤是否能够黏结成焦及焦炭质量的好坏，但对于地下气化却起着相反的作用。在气化过程中，黏结性强的煤易黏结成块，甚至产生膨胀，进而导致煤层透气减小，使得气化剂与煤层接触不充分，对气化反应速率、煤气质量以及气化的经济指标等会带来不利影响[159]。检测煤的黏结性的方法很多，主要有胶质层厚度（Y值）、自由膨胀序数（CSN）、罗加指数（$R.I.$）、黏结指数（$GR.I$）以及焦渣特征（CRC），通过检测各项指标值可反映出煤的黏结性程度，详见表3-4。

表3-4　煤的黏结程度与不同方法检测结果的对应关系[160]

黏结程度	自由膨胀序数 CSN	罗加指数 $R.I.$	胶质层厚度 Y	焦渣特征 CRC
不黏结	<1	<5	3	<3
弱黏结	1~2	5~20	3~4	3~4
中等黏结	2~3	20~45	4~6	4~5
强黏结	>4	>45	>9	>5

焦渣特征是反映煤的黏结性程度的常用指标，测试了8种煤的焦渣特性，如图3-4所示。结果表明，煤的黏结性随其变质程度的加深呈先增强后减弱的趋势，即变质程度较高和较低的煤种均不具黏结性（$CRC \leqslant 2$），而中等变质煤的黏结性较强（$CRC \geqslant 5$）。综上所述，就煤的黏结性而言，地下气化适宜于中等黏结程度以下（$CRC \leqslant 5$）的煤种，最好是不黏结（$CRC < 5$）的煤种。

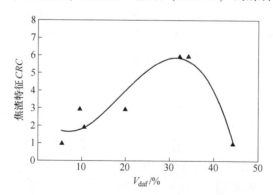

图3-4　焦渣特征与挥发分（变质程度）的关系

3.1.4.7　煤灰熔融性

灰分是金属和非金属的氧化物和盐类的混合体，主要由 SiO_2、Al_2O_3、Fe_2O_3、CaO、MgO 等组分构成，占80%以上。不同煤种的灰分主要成分含量差异较大，而这些含量的相对变化对煤的灰熔点影响极大，而煤灰熔点的高低会影响地下气化过程。因此，需要将灰分组成和煤灰熔融性结合分析。

煤灰熔融性是指煤灰在受热条件下由固态向液态逐渐转化的特性，以煤灰四个变形阶段的特征温度来表示[161]：变形温度 DT、软化温度 ST、半球温度 HT 和

流动温度 FT，不同温度对应灰锥熔融特征如图3-5所示。一般以软化温度 ST 作为煤灰熔融性温度（灰熔点）：$ST \leqslant 1100℃$ 为易熔灰分；$1100℃ < ST \leqslant 1250℃$ 为低熔灰分；$1250℃ < ST \leqslant 1500℃$ 为高熔灰分；$ST > 1500℃$ 为难熔灰分。气化工作面的最高温度可达1200℃，如果原煤的灰熔点低于该温度，则易导致煤灰结渣，不利于气化剂与煤层的均匀接触，对地下气化过程造成不利影响，因此，灰熔点越高对地下气化越有利。灰熔点的高低与煤灰中的酸性氧化物（SiO_2、Al_2O_3、TiO_2、SO_3）和碱性氧化物（Fe_2O_3、CaO、MgO、K_2O、Na_2O）的含量有关，一般认为酸性氧化物含量越多，煤灰的熔融温度越高；碱性氧化物含量越多，煤灰熔融温度越低[162]。通常采用酸碱比 ABR 粗略判断煤灰熔融的难易程度，计算公式为：

$$ABR = \frac{w(SiO_2) + w(Al_2O_3)}{w(Fe_2O_3) + w(CaO) + w(MgO)} \tag{3-13}$$

式中，$w(SiO_2)$，$w(Al_2O_3)$，$w(Fe_2O_3)$，$w(CaO)$，$w(MgO)$ 分别为煤灰中 SiO_2、Al_2O_3、Fe_2O_3、CaO、MgO 的质量分数，%。

当 ABR 处于1~5之间时为易熔，大于5时为难熔。

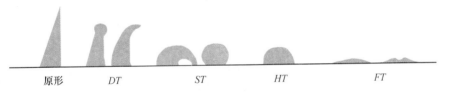

原形　　　　DT　　　　　ST　　　　　HT　　　　　FT

图3-5　灰锥熔融特征示意图[161]

测试了8种煤种12件煤样的灰熔点，结果详见表3-5。测试结果表明，8种煤的煤灰软化温度均高于1330℃，说明这些煤种的灰熔融性适宜地下气化。根据测定的煤样灰分分析结果，计算了酸碱比，并与相应的煤灰软化温度进行对比，详见表3-5。结果显示，当灰分酸碱比大于5时，对应的灰熔点最低为1390℃（瘦煤），即至少为高熔灰分。因此，建议地下气化原煤的煤灰软化温度最好高于1300℃，或者酸碱比大于5，尽量避免选址的原煤煤灰软化温度低于1200℃。

表3-5　不同煤种的煤灰软化温度与酸碱比

煤种	天然焦	无烟煤二号		无烟煤三号	贫煤			瘦煤	焦煤	肥煤		气煤
煤样编号		S_1	S_2		S_1	S_2	S_3			S_1	S_2	
ST/℃	>1500	>1500	>1500	1360	1360	1330	>1500	1390	1360	>1500	>1500	>1500
ABR	3.93	3.07	4.68	3.72	3.38	3.50	38.84	5.35	3.47	50.77	14.25	30.97

3.1.4.8　热稳定性

煤热稳定性，又称煤耐热性，是指煤在高温燃烧或气化过程中抵抗破碎的能力。热稳定性好的煤，在燃烧或气化过程中能以其原来的形态而不碎成小块，或破碎较少；反之则容易碎成小块或煤粉。对于地面气化而言，热稳定性差的煤在气化过程中会迅速破裂形成小块，轻则炉内结渣，增加炉内阻力和带出物，降低燃烧或气化效率，重则破坏整个气化过程，甚至造成停炉事故。而在地下气化过程中，由于气化工作面需要不断向前推进，热稳定性差会导致煤壁受热后迅速破裂、偏帮，这将有利于提高气化速度。因此，地下气化对原料煤稳定性的要求与地面气化的正好相反，稳定性越差的原煤对地下气化越为有利。一般采用 6～23mm 粒度煤样在（850±15）℃的马弗炉中隔绝空气加热 30min 后的 TS_{+6}（以粒度大于 6mm 的残焦质量占各级残焦质量之和的百分数）作为煤的热稳定性指标，TS_{+6} 的计算公式为[163]：

$$TS_{+6} = \frac{m_{+6}}{m} \times 100\% \tag{3-14}$$

式中，m_{+6} 为粒度大于 6mm 的残焦质量，g；m 为各级残焦质量之和。

根据测得的 TS_{+6} 大小，将煤的稳定性分为 4 级[164]：（1）低热稳定性煤，$TS_{+6} \leqslant 60\%$；（2）中热稳定性煤，$60\% < TS_{+6} \leqslant 70\%$；（3）中高热稳定性煤，$70\% < TS_{+6} \leqslant 80\%$；（4）高热稳定性煤，$TS_{+6} > 80\%$。测试了 8 种煤样的稳定性指标，见表 3-6。结果表明，随着变质程度的提高，煤的稳定性变化无明显规律性，但 TS_{+6} 整体呈现较高值（除天然焦外，均大于 60%）。国内已进行的地下气化工程几乎涵盖我国所有煤种，表明地下气化对煤热稳定性的容忍度较大，故可认为地下气化基本适宜开采中高热稳定性及以下煤层（$TS_{+6} \leqslant 80\%$），最好是低热稳定性煤（$TS_{+6} \leqslant 60\%$）。

表 3-6　8 种煤的稳定性指标（TS_{+6}）

煤种	褐煤	肥煤	瘦煤	贫煤	无烟煤三号	无烟煤二号	天然焦
$TS_{+6}/\%$	63.96	98.75	71.95	93.89	88.80	91.25	57.49

3.1.5　气化储量

资源储量在技术层面对地下气化没有任何影响，但从项目的经济效益方面分析，气化块段的服务年限应至少大于项目的投资回收期，否则项目本身不具可行性。气化块段资源储量 Q 可通过式（3-15）计算得到：

$$Q = \frac{AtK}{C} \tag{3-15}$$

式中，A 为气化块段设计生产能力，Mt/a；t 为服务年限，a；K 为储量备用系数，取 1.3；C 为气化块段采出率。

式（3-15）中 K 是定值，而 A 和 C 可根据项目具体情况而定，现需确定合理的 t 值。刘淑琴等人[142] 从项目的经济效益、设备及技术条件等方面考虑，认为地下气化的正常生产年限至少为 9 年。杨永泰[147] 对国外地下气化经济效益进行调研和分析后认为，为了偿还基建投资，地下气化的各种设备使用年限不应少于 20 年。作者认为，气化块段资源储量的服务年限应大于项目的投资回收期（税后，不含建设期），否则项目将失去建设的意义。

3.1.6 开采技术条件

煤层的开采技术条件包括顶底板、瓦斯含量、煤尘爆炸性、自燃倾向性、冲击矿压危险和地温等。除煤层顶底板条件外，其余因素对地下气化过程影响较小，但可能对地下气化炉构筑过程中人员和设备的安全性构成威胁，因此将其列入"安全因素"的评价指标，本节不再赘述。煤层顶底板条件对地下气化影响较大的主要为顶板的强度和渗透性。

3.1.6.1 顶板强度

气化工作面为无人工作面，理论上采场无须进行支护。但是，如果燃空区顶板出现大面积垮落，一方面，冒落的岩块会覆盖煤体，阻碍气化剂和新鲜煤体接触，进而影响气化过程；另一方面，顶板裂隙扩展可能沟通井下通风行人巷道或者地下水体，从而引发气化炉漏气或者涌水事故。因此，地下气化对煤层直接顶的强度有一定要求。根据工作面开采过程中的稳定程度，通常将直接顶划分为四类，详见表 3-7。综上所述，地下气化适宜于稳定顶板，即初次垮落步距 τ_r 大于 18m 的直接顶。

表 3-7　直接顶分类指标及岩性特征[165]

类别	Ⅰ类 不稳定顶板	Ⅱ类 中等稳定顶板	Ⅲ类 稳定顶板	Ⅳ类 非常稳定顶板
分类指标	$\tau_r \leqslant 8$	$8 < \tau_r \leqslant 18$	$18 < \tau_r \leqslant 28$	$28 < \tau_r \leqslant 50$
岩性和结构特征	泥岩、泥页岩、炭质泥岩，节理裂隙发育，质地松软	致密泥岩、粉砂岩、砂质泥岩，节理裂隙不发育	砂岩、石灰岩，节理裂隙很少	致密砂岩、石灰岩，节理裂隙极少

注：τ_r 为直接顶平均初次垮落步距，m。

3.1.6.2 顶板渗透性

对于地下气化，煤层顶板除了要具有较好的稳定性之外，还应具备良好的密闭性。顶板岩石的渗透性通常采用全应力-应变渗透试验测定，它既可以测定同一岩块在全应力-应变过程中的渗透率变化，也可以比较不同岩块在相同受力条件下的渗透率的大小（渗透能力的好坏）。

Jacob Bear[166]根据一些岩石的渗透系数和渗透率的典型值，对岩石透水性和含水层进行了划分，如图3-6所示。图3-6中，岩石的渗透系数和渗透率（$-\lg K$、$-\lg k$和$\lg k$）的换算公式为：

$$1Da = 1000mDa = 9.8697 \times 10^{-9} cm^2 = 9.613 \times 10^{-4} cm/s（水温20℃）$$

$$(3-16)$$

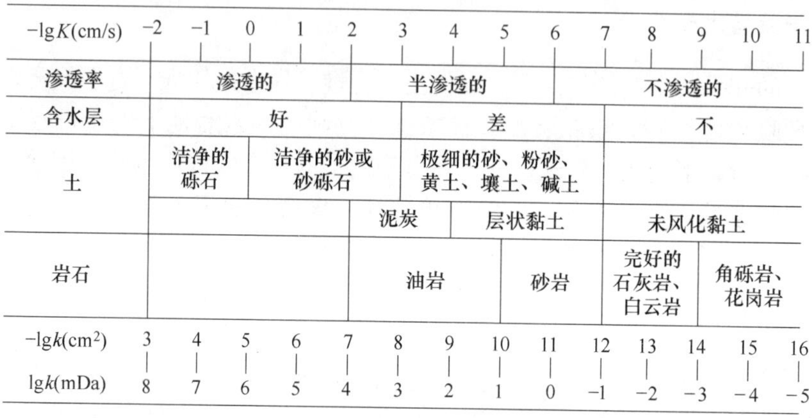

$-\lg K(cm/s)$	-2	-1	0	1	2	3	4	5	6	7	8	9	10	11
渗透率	渗透的					半渗透的				不渗透的				
含水层	好					差				不				
土	洁净的砾石		洁净的砂或砂砾石			极细的砂、粉砂、黄土、壤土、碱土								
					泥炭		层状黏土			未风化黏土				
岩石						油岩			砂岩		完好的石灰岩、白云岩		角砾岩、花岗岩	
$-\lg k(cm^2)$	3	4	5	6	7	8		10	11	12	13	14	15	16
$\lg k(mDa)$	8	7	6	5	4	3		1	0	-1	-2	-3	-4	-5

图3-6　岩石渗透系数与渗透率的类型划分[166]

通过文献调研[167~171]，获得了白云岩、砾岩、石灰岩等14类岩土试样的渗透率，并根据式（3-16）进行换算，得到各类岩土的$-\lg K$、$-\lg k$和$\lg k$值，详见表3-8。结果表明，各类岩土中，除了土壤和粗粒土之外，其余试样均为不渗透岩石，且含水性较差，这与图3-6中的岩石渗透性分类描述结果基本一致。因此，当未对气化煤层直接顶进行渗透性试验分析时，可根据直接顶岩性按照图3-6的分类方法对顶板的渗透性进行初步评估，气化煤层直接顶最好为不渗透且不含水的岩层（$-\lg K>7$），但对于渗透性差、弱含水性的顶板（$-\lg K>5$）也能适应。

表3-8　不同岩石渗透系数与渗透率的变化范围[167~171]

岩样	数量	渗透率 $k/\mu Da$	$-\lg K/cm \cdot s^{-1}$	$-\lg k/cm^2$	$\lg k/mDa$
白云岩	2	0.028~56.050	7.269~10.570	12.246~15.547	-4.553~-1.251
砾岩	10	0.600~130.000	6.903~9.239	11.880~14.216	-3.222~-0.886
石灰岩	21	0.002~312.700	6.522~11.675	11.499~16.652	-5.658~-0.505
粗砂岩	10	0.190~37.070	7.448~9.738	12.425~14.716	-3.721~-1.431
中砂岩	21	0.066~88.800	7.069~10.198	12.046~15.175	-4.180~-1.052
细砂岩	21	0.006~22.550	7.664~11.239	12.641~16.216	-5.222~-1.647

岩样	数量	渗透率 k/μDa	$-\lg K$/cm·s^{-1}	$-\lg k$/cm^2	$\lg k$/mDa
粉砂岩	1	13.412~102.780	7.005~7.890	11.982~12.867	-1.873~-0.988
砂质页岩	10	0.035~11.650	7.951~10.468	12.928~15.445	-4.451~-1.934
砂质泥岩	1	2.450~5.550	8.273~8.628	13.250~13.605	-2.611~-2.256
泥岩	18	0.003~2948.180	5.548~11.540	10.525~16.517	-5.523~0.470
铝土岩	2	2.554~64.412	7.208~8.610	12.185~13.587	-2.593~-1.191
黏土岩	1	0.180~1.520	8.835~9.762	13.812~14.739	-3.745~-2.818
土壤	1	19244.773~21117.237	4.693~4.733	9.670~9.710	1.284~1.325
粗粒土	33	3224799.750~97784250.494	1.027~1.620	6.004~6.597	3.509~4.990

3.1.7 建厂条件

建厂条件是指项目建设的外部条件,其涵盖项目所在区域的位置、交通、地形、气象、水源、电源以及社会经济发展状况等,本节选取了交通条件、地形地貌、水源和电源等 4 个相对重要的因素,作为评价项目建厂条件的指标。

3.1.7.1 交通运输

根据厂区至当地铁路干线的距离,可将建厂的交通运输条件分为 4 个等级:Ⅰ级矿区通铁路,Ⅱ级距离铁路干线 50km 以内,Ⅲ级距离铁路干线 50~100km,Ⅳ级距离铁路干线大于 100km[140]。除了铁路,高速公路也具备较好的运输条件,因此,可将厂区至铁路或高速公路的距离作为厂区交通运输条件的评价指标,距离越小对厂区的前期建设和后期运行越有利。

3.1.7.2 地形地貌

根据厂区的地形地貌特征,可将其分为:Ⅰ高山区;Ⅱ中山区;Ⅲ低山区;Ⅳ丘陵区;Ⅴ地势平坦或略有起伏的高原区;Ⅵ川塬相间区,沟壑纵横的高原区;Ⅶ冲积平原区;Ⅷ沙漠区。其中对厂区建设十分有利的为Ⅶ,有利的为Ⅴ,中等有利的为Ⅲ、Ⅳ,不利的为Ⅵ、Ⅷ,非常不利的为Ⅰ、Ⅱ[140]。根据上述划分标准,可将厂区的地形地貌条件进行评分,依次为:Ⅶ80~100 分,Ⅴ60~80分,Ⅲ、Ⅳ40~60 分,Ⅵ、Ⅷ20~40 分,Ⅰ、Ⅱ0~20 分。

3.1.7.3 电源

根据邻近变电站能为厂区建设和运行提供的电量情况,将电源等级划分为 4级:Ⅰ级,电源充足;Ⅱ级,缺电 1/3;Ⅲ级,缺电 1/2;Ⅳ级,缺电 2/3[140]。

地下气化化产区与化工厂区具有类似的特点，为了保障地面厂区和地下气化炉的安全和稳定运行，必须确保厂区由双回路供电，且电源充足。

3.1.7.4　水源

项目建设和运行期间的水源可靠性可通过厂区与水源地之间的距离来评价，共分为4级：Ⅰ级，项目涌水就地解决；Ⅱ级，水源地位于厂区周围10km内；Ⅲ级，水源地距离厂区 10～30km；Ⅳ级，厂区缺水且与水源地距离超过30km[140]。显然，水源至厂区的距离越小对项目建设及运行越有利。

3.2　技术方案

技术方案包括两方面内容，一方面是项目的产品方案与建设规模，另一方面是项目拟采用的工艺技术方案，前者决定着项目的投资、成本和经济效益，后者影响着工程运行的可靠性，是项目可行与否的关键因素。

3.2.1　方案与规模

项目的产品方案与建设规模对其可行性起着关键性作用，前者决定着项目采用的工艺技术方案，后者影响着项目的经济效益。

3.2.1.1　产品方案

地下气化项目可根据市场情况调整产品方案，其主要生产模式有：（1）单一产气模式；（2）地下气化-燃气模式；（3）地下气化-发电模式；（4）地下气化-制氢模式；（5）地下气化-化工产品模式，如图3-7所示[15]。产品方案可行与否应从技术可行性和产品市场容量两方面进行评价，前者纳入"工艺技术"的评价体系，此处仅考虑市场情况。因此，根据市场情况，地下气化产品方案优劣顺序依次为：（5）>（4）>（3）>（2）>（1）。

3.2.1.2　建设规模

地下气化技术正处于工业性试验和产业化生产的过渡阶段，目前国内已建设的地下气化工程生产规模大部分在5万吨/a（原煤）以下，这显然不利于降低单位产品的生产成本，削弱了产品的市场竞争力。以地下气化制液化天然气（LNG）为例，当建设规模为5万吨/a（原料煤，下同）时，LNG 的生产成本接近3元/m³，但当建设规模扩大至25万吨/a，即年产 LNG 约 $1 \times 10^8 m^3/a$ 时，其成本将降低至2元/m³[172]。鉴于地下气化目前的技术特点，要想获得较好的经济效益，规划的建设规模应当大于20万吨/a，而对于生产规模小于5万吨/a的项目，除非为项目前期的试验工程，否则不建议建设。

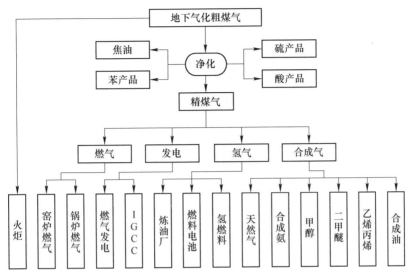

图 3-7 地下气化生产模式与产品方案[15]

3.2.2 工艺技术

工艺技术方案对地下气化的煤气组分、热值、产气稳定性、煤气利用以及经济效益的影响甚大，是决定地下气化项目可行与否的关键因素。本节选取了工艺水平、技术成熟度和生产系统可靠性作为衡量工艺技术可行性的主要评价指标，并选取资源采出率和气化效率作为辅助评价指标。

3.2.2.1 工艺水平

地下气化是一项系统工程，涉及采矿、地质、化工和测控等多科学领域。根据地下气化工程的工艺流程特点，其生产系统一般包括：（1）地下气化井下生产系统；（2）气化剂制备与注排气系统；（3）地下气化辅助生产系统；（4）粗煤气净化系统；（5）煤气加工与利用系统，如图3-8所示。因此，地下气化工程的工艺水平先进与否应当从上述各生产系统的工艺、装置和管理等三方面进行综合评价，评价结果可分为优（>90分）、良（70~90分）、差（<70分）三个等级。

3.2.2.2 技术成熟度

技术成熟度是衡量技术对项目目标满足程度的一种度量方法，其评价方法较多，通常采用九级技术成熟度标准（technology readiness levels，TRL），TRL 按技术发展过程将技术的成熟度划分为四个阶段、九个等级[173]，见表3-9。根据国内

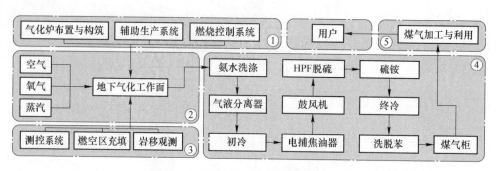

图 3-8　地下气化工艺流程示意图

地下气化研究现状，不同产品方案的技术成熟度差异较大，我国已建设的地下气化试验工程以单一产气模式、燃气模式和发电模式为主，基于 TRL 等级的描述，这三种模式的技术成熟度已达到 TRL 8 等级，而制氢模式和化工产品模式目前仍处于技术开发阶段或者概念研究阶段。

表 3-9　TRL 阶段、等级划分及其描述[173]

阶段	等级		描　述
概念研究阶段	TRL 1	基本原理	技术成熟度的最低等级。基本原理被发现和阐述
	TRL 2	技术概念和应用设想	创新活动开始。通过基本原理，提出实际应用设想，但没有证据或者详细的分析来支持这一应用设想。仍限于理论研究
	TRL 3	通过实验验证的关键功能模块或概念	通过分析和实验室研究，对应用设想进行物理验证
技术开发阶段	TRL 4	实验室环境下验证的部件或分系统	进行了基本部件集成。与最终系统相比，这不是真正的集成
	TRL 5	模拟环境下验证的部件或分系统	分系统的可用性显著提高。部件集成已考虑到现实因素，在模拟环境中得到验证
工程研制阶段	TRL 6	模拟环境下验证的系统模型或原型	比 TRL 5 更加完善的典型系统模型或原型，通过模拟环境测试
	TRL 7	实际运行环境下验证的系统原型	系统原型接近实际系统，在实际运行环境下进行实际系统原型的演示验证
	TRL 8	完全通过测试和验证的实际系统	实际系统在实际运行环境中得到试验验证
生产部署阶段	TRL 9	通过实际应用的系统	实际系统在实际应用环境中得到应用验证

3.2.2.3 系统可靠性

系统可靠性表示系统在规定的时间内和条件下，完成规定功能的能力，是衡量系统性能和状况的重要指标之一。对于可修复系统常用可靠度、平均故障间隔时间（MTBF）、平均修复时间（MTTR）、可用度、有效寿命和经济性等指标衡量系统可靠度；对于不可修复系统则常用可靠度、可靠寿命、故障率、平均寿命（MTTF）等指标表示。本书采用可靠度作为工程系统可靠性的评价指标，系统可靠度通过综合考虑"人-机-环境"因素和各生产环节的运行情况计算得到的。地下气化工程一般涵盖五大生产系统，其可靠度计算过程极为复杂，为简化计算，本书拟采用现有地下气化工程生产系统的实际有效运行率（系统有效运行时间与总运行时间的比值）作为系统可靠性的评价指标，应保证地下气化工程的有效运行率不低于70%，最好达到80%以上。

3.2.2.4 资源采出率

资源采出率是衡量采煤方法先进性的重要指标之一，此处资源采出率是指气化块段设计可采储量占保有储量的比例。煤炭资源采出率与资源条件、规划设计、开采工艺等因素密切相关，以传统井工开采为例，国有重点煤矿的资源采出率为44.9%～56.0%，地方国营煤矿为30.0%～49.6%，而乡镇及个体煤矿仅为10.0%～38.0%[14]。有学者基于传统井工采煤工艺特点，分析了不同开采工艺的"气化采区"采出率，刀柱工作面气化采区的采出率为40%～50%，房柱工作面气化采区的采出率低于35%，短壁工作面气化采区的采出率为45%，无烟巷气化工作面采区的采出率以小于50%为宜[39]。综上所述，气化块段适宜的资源采出率为40%～50%，由于地下气化是作为复采或者二次开采技术用于回收矿井残留煤资源的，因此，矿井资源的最终采出率最高可达78%。

3.2.2.5 气化效率

气化效率是指单位原煤产生的煤气发热量占原煤发热量的百分率，一般只利用煤气的潜热，故也称冷煤气效率。不同条件的气化效率差异较大，其变化范围为32.69%～87.00%，平均为64.17%[68,174～178]，气化效率高低与气化工艺、煤质密切相关，如图3-9所示。由图3-9（a）可知，随着气化剂氧浓度的增加，无烟煤的气化效率总体呈下降趋势，这是因为氧气浓度提高后，虽然煤气热值提高，但产气量下降，从而导致气化效率降低[175]；而由图3-9（b）可得，对于纯氧-蒸汽连续气化工艺，随着煤化程度加深（挥发分含量的降低），气化效率先减小后增大后又减小，即中等变质（气肥煤、焦煤）和高度变质（无烟煤）的煤种气化效率最低，这与原煤的黏结性和反应性关系较大。气化效率是衡量气化优劣的一项综合性技术指标，气化效率过低不仅不经济，而且将降低资源的利用效率。因此，在地下气化过程中应采取必要措施，以确保气化效率大于国内地下气化的平均值 65%。

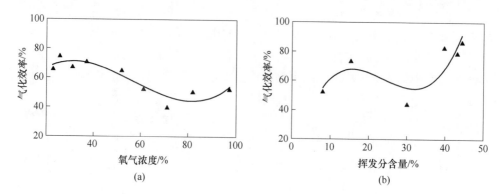

图 3-9　气化效率与气化剂氧浓度、煤化程度的关系

（a）无烟煤气化效率与氧浓度的关系[175]；（b）纯氧-蒸汽法气化效率与煤化程度的关系

3.3　经济效益

地下气化的原料虽然单一，但产品可实现多元化，是一个"单输入、多输出"的决策单元。不同产品方案和建设规模项目的经济指标差异往往较大，因此，不宜采用投资、成本、产值和利润等一类的绝对指标作为评价标准，而应该采用相对指标。衡量一个工程建设项目的综合经济效益，应该从其盈利能力和清偿能力两方面进行分析，其中盈利能力主要考查项目的财务净现值、内部收益率、投资回收期、投资利润率和效益费用比等五项指标，而清偿能力则考查资产负债率和借款偿还期两项指标。

3.3.1　盈利能力

盈利能力是指项目获取利润的能力，本采用财务净现值、内部收益率、投资回收期、投资利润率和效益费用比等五项内容作为地下气化项目的盈利能力评价指标，其中前两者为动态评价指标，后三者为静态评价指标。

3.3.1.1　财务净现值

财务净现值（financial net present value，FNPV）是指项目按设定的目标收益率，将项目计算期内各年的净现金流量折算到建设期初的现值之和。该指标反映了项目的获利能力、资金的回收速度和使用效率。项目净现值的计算结果有三种情况，即 $FNPV>0$、$FNPV=0$ 和 $FNPV<0$。当 $FNPV \geqslant 0$ 时，表示项目可按基准收

益水平收回投资或在收回投资的基础上获得收益，说明项目可行，否则不可行。通过调研发现，目前国内已建或规划的地下气化项目的财务净现值波动范围为450.00万~25670.00万元，考虑到规划项目的经济指标为估算值，参照已建项目的情况，当前地下气化项目财务净现值的正常波动范围为1000万~2000万元[49]。

3.3.1.2 内部收益率

内部收益率（internal rate of return，IRR）是指在项目计算期内资金流入现值总额与资金流出现值总额相等，即净现值等于零时的折现率，根据层次不同，可分为财务内部收益率（$FIRR$）和经济内部收益率（$EIRR$），本书采用前者。该指标反映了投资方案占用资金的补偿与回收能力，其值越高说明项目方案的财务特性越好[179]。当$FIRR \geqslant i_c$（项目所属行业的基准收益率）时，认为项目可行，否则不可行。根据国内已建项目的情况，目前地下气化项目的内部收益率的正常波动范围为5%~15%[49]。

3.3.1.3 投资回收期

投资回收期（P_c）是指以项目所得的净收益偿还原始投资所需要的时间，根据是否考虑时间价值，分为静态投资回收期与动态投资回收期，本书采用前者。投资回收期越短，投资风险越小，项目的经济效益也越好。当$P_c \geqslant P_t$（项目所属行业的基准投资回收期）时，表明项目可行，否则不可行。目前，国内已建地下气化项目的正常投资回收期年限为8~18年[49]。

3.3.1.4 投资利润率

投资利润率（return on investment，ROI）是指项目的年利润总额与总投资的比值，对于计算期内利润变化较大的项目，可用年均利润进行计算。当项目的投资利润率大于行业平均投资利润率时，表明项目可行。目前，国内已建地下气化项目的正常投资利润率变化范围为2%~7%[49]。

3.3.1.5 效益费用比

效益费用比（benefit-cost ratio，BCR）是指在项目计算期内，所取得的各项财务收入折现与各项支出费用折现的比率，是经济分析的辅助评价指标。当$BCR \geqslant 1$时，表明项目是可行的，且效益费用比越大，其财务效果越好。通过调研发现，目前国内已建地下气化项目的效益费用比为3左右[49]，考虑目前国内地下气化项目的规模一般较小，其经济效益有限，故正常效益费用比的波动范围取1~3较为合适。

3.3.2　清偿能力

清偿能力是指项目偿还借贷的能力，可通过借款偿还期和资产负债率反映。

3.3.2.1　资产负债率

资产负债率是指项目负债总额与资产总额的比值，主要反映项目各年所面临的财务风险以及具备的偿债能力。资产负债率越高，会增加项目偿还债务的风险，甚至出现资不抵债的现象（资产负债率大于100%）；资产负债率太低，虽然偿债能力有保障，但项目会丧失利用财务杠杆的好处，损失机会成本[179]。一般认为，项目的资产负债率为40%~60%比较合理。

3.3.2.2　借款偿还期

项目借款偿还期是指根据国家财政税规定，在项目的具体财务条件下，项目投产后可以用作还款的利润、折旧、摊销及其他收益偿还建设投资借款本金（含未付建设期贷款利息）所需要的时间，用于反映项目的长期偿债能力。如果项目的借款偿还期小于贷款机构的要求期限，认为项目具有清偿能力，否则认为没有清偿能力。根据目前国内已建地下气化项目的情况，其借款偿还期一般为8~18年。

3.4　环境影响

近年来，随着"绿水青山就是金山银山"等发展理念的提出，中国生态文明建设的力度不断加大，矿山开发引起的环境问题得到前所未有的关注，环境影响对工程项目的可行性具有"一票否决"权。常规工程项目的环境影响主要体现在对大气、（地面）水、固体废弃物和噪声等4个方面，而地下气化项目涉及井下开采活动，因此，除了上述指标外，其环境影响的评价指标还应包括地下水环境影响和地表沉陷。

3.4.1　大气环境影响

地下气化项目的废气主要来自粗煤气净化、煤气加工和利用环节，根据现行《大气污染物综合排放标准》[180]，选取二氧化硫、氮氧化物和烟尘的最高允许排放浓度和排放速率作为评价地下气化项目的大气环境影响指标，见表3-10。最高允许排放浓度根据污染源的性质进行取值，大于该值时，表示项目可行，否则不可行。最高允许排放速率应根据排气筒的高度进行取值，《环境空气质量标准》[181]已将三类区并入二类区，而一类区禁止新建污染源，因此，当最高允许排放速率小于二级标准时，表明项目可行；若大于三级标准，则表明项目不可行。

表 3-10　**新污染源大气污染物排放限值**[180]

序号	污染物	最高允许排放浓度/mg·m⁻³	最高允许排放速率/kg·h⁻¹			无组织排放监控浓度限值	
			排气筒/m	二级	三级	监控点	浓度/mg·m⁻³
1	二氧化硫	960（硫、二氧化硫、硫酸和其他含硫化合物生产）	15	2.6	3.5	周界外浓度最高点	0.4
			20	4.3	6.6		
			30	15	22		
			40	25	38		
			50	39	58		
		550（硫、二氧化硫、硫酸和其他含硫化合物使用）	60	55	83		
			70	77	120		
			80	110	160		
			90	130	200		
			100	170	270		
2	氮氧化物	1400（硝酸、氮肥和火炸药生产）	15	0.77	1.2	周界外浓度最高点	0.12
			20	1.3	2		
			30	4.4	6.6		
			40	7.5	11		
			50	12	18		
		240（硝酸使用和其他）	60	16	25		
			70	23	35		
			80	31	47		
			90	40	61		
			100	52	78		
3	颗粒物	120	15	3.5	5	周界外浓度最高点	1
			20	5.9	8.5		
			30	23	34		
			40	39	59		
			50	60	94		
			60	85	130		

3.4.2 地表水环境影响

地下气化项目的废水主要来自矿井排水、粗煤气净化、水处理和生活用水等环节，污水排放执行国家标准《污水综合排放指标》[182]。本节选取了排放污水的 pH 值、悬浮物（SS）、五日生化需氧量（BOD_5）、化学需氧量（COD）、石油类以及污水再生利用率等六项内容作为地下气化项目地表水环境影响的评价指标。污染物指标的取值需根据厂区污水排入水域的类型来确定，详见表 3-11，水域类型划分参见《地表水环境质量标准》[183]。此外，为了节约用水，厂区的污水再生利用率应达到 90% 以上。

表 3-11　工业污水污染物最高允许排放浓度[182]

序号	污染物	适用范围	污染物最高允许排放浓度/mg·L⁻¹		
			一级标准	二级标准	三级标准
1	pH 值	一切排污单位	6~9	6~9	6~9
2	悬浮物（SS）	其他排污单位	70	150	400
3	五日生化需氧量（BOD_5）	其他排污单位	20	30	300
4	化学需氧量（COD）	石油化工工业	60	120	500
5	石油类	一切排污单位	5	10	20

3.4.3 固体废弃物环境影响

地下气化项目的固体废弃物来自巷道掘进、煤层气化、煤气净化和加工、水处理、日常生活等环节，主要污染物包括煤矸石、燃空区灰渣、废弃化学试剂、污泥、生活垃圾等固体废弃物。目前，国内尚未颁布上述固体废弃物的排放标准，本节采用各污染物的综合利用率或者处理效果作为评价结果。根据各种固体废弃物的危害性及其国内处理情况，设置其利用和处理效率适宜范围分别为：煤矸石综合利用率 70%~80%，废弃化学试剂和污泥处理率 85%~95%，生活垃圾处理率 80%~90%。燃空区灰渣对环境的影响可根据具体的污染防治技术来评价。

3.4.4 噪声环境影响

地下气化厂区噪声主要源自厂区的一些大功率设备，如鼓风机、真空泵、压缩机和发电机等，厂区噪声排放执行《工业企业厂界环境噪声排放标准》[184]，各类功能区环境对噪声限值要求不同，见表 3-12。地下气化地面厂区的噪声限值需根据所处环境确定，声环境功能区划分参见《声环境质量标准》[185]。

表 3-12 工业企业厂界环境噪声排放限值[184]

声环境功能区类别	时 段	
	昼间/dB（A）	夜间/dB（A）
0 类	50	40
1 类	55	45
2 类	60	50
3 类	65	55
4 类	70	55

3.4.5 地下水环境影响

地下气化对地下水造成影响的途径主要有两个：（1）污染物随煤气由孔隙、裂隙向围岩中的扩散和渗透；（2）燃空区残留污染物在地下水中的浸出及迁移[186]。因此，地下气化对地下水的污染源主要为煤气和灰渣。研究表明，地下气化对地下水的污染是可以通过厂址选择、工艺控制和污染治理等防治结合的方法来减小甚至避免的[186~189]。目前，国内相关问题的研究尚不完善，对于不同条件下的地下气化对地下水影响程度还难以实现准确预测。因此，可采用专家评价法，综合地下气化项目的水文地质、气化工艺和防污技术等情况，通过评分的方式评价地下气化开采对地下水水质和水位的影响程度。

3.4.6 地表沉陷

与常规井工采煤方法一样，煤层气化开采后燃空区覆岩也会发生破坏、垮落，从而导致地表发生变形，但由于燃空区灰渣的存在，理论上地下气化地表变形量要小于常规井工采煤方法的。一般以地面构筑物损坏等级来反映开采区域地表变形程度，其评价指标有 3 个：水平变形 ε、曲率 K 和斜率 i，各评价指标的取值取决于气化区地表建（构）筑物的保护等级[190]，详见表 3-13。三项指标的值越小，说明地表变形越小，即气化开采对地表环境的影响越小。

表 3-13 建筑物损坏等级划分及其地表变形值[190]

损坏等级	地表变形值		
	水平变形 ε/mm·m^{-1}	曲率 K/m^{-1}	倾斜 i/mm·m^{-1}
I	≤2.0	≤0.2×10^{-3}	≤3.0
II	≤4.0	≤0.4×10^{-3}	≤6.0
III	≤6.0	≤0.6×10^{-3}	≤10.0
IV	>6.0	>0.6×10^{-3}	>10.0

3.5　安全因素

有井式地下气化生产系统由井下和地面两部分构成，其实质是气化矿井和地面化产区的组合体，由于两部分的工艺和系统差异较大，因此，在进行地下气化项目安全评价时，应先将井下和地面部分单独进行分析，再根据两部分的重要程度，最终得出评价结果。井下部分可按照常规井工煤矿的安全评价方法，采用通风、地测防治水等 11 项指标进行评价；而地面部分可参照化工厂区的安全评价标准，采用物料、设备和工艺等 11 项指标进行评价。

3.5.1　气化矿井安全

气化矿井的安全评价可按照常规井工煤矿的方法执行。根据《煤矿安全质量标准化基本要求及评分方法（试行）》（以下简称《方法》）[191]，井工煤矿安全质量标准化体系包括通风、地测防治水、采煤、掘进、机电、运输、安全管理、职业卫生、应急救援、调度和地面设施等 11 项指标。《方法》中规定了各项指标的满分为 100 分，评价过程中根据矿井的实际情况按照《方法》规定进行打分，各项指标得分乘以其权重再求和即可得到矿井安全的综合评分。根据评分，《方法》将煤矿安全分为三个等级：评分大于 90 分为一级；评分介于 80~90 分之间为二级；评分介于 70~80 之间为三级。因此，对于地下气化项目，井工部分的安全评分越高说明可行性越强，反之则越差。

3.5.2　化产区安全

地下气化地面化产区的工艺、系统与普通化工厂的相似，因此，其安全评价可参照化工厂区的评价标准和方案。化工项目生产过程中，人、设备、原料、工艺、环境及管理等因素都可引发事故，而这些因素又涉及设计、施工、存储、操作、维修、运输及其管理等环节[192]。综合考虑化产区的工艺和系统特点，选取物料的危险性、设备的危险性、工艺工程的危险性、潜在的职业危害、废弃物处理情况、项目安全投入情况、车间厂房的防火防爆等级、安全监控防爆系统的完善程度、人员培训情况、安全制度管理的完善程度、应急响应机制等 11 项内容作为化产区的安全评价指标[193]。应当注意的是，上述指标均为定性指标，为获得量化指标，一种较为简单、实用的办法是：将各项指标划分为"安全""一般安全"和"不安全"三个等级，邀请若干名该领域专家针对化产区的实际情况对各分项等级进行投票，将不同指标"安全"等级的得票数占该项总票数比例作为该项指标得分，根据得分，将化产区的安全性划分为三个等级：得分大于0.9 为一级，得分 0.8~0.9 之间为二级，得分 0.6~0.8 之间为三级。

3.6 能耗水平

能耗水平是反映项目的能源消费水平和节能降耗状况，本节采用单位产值综合能耗、单位产品综合能耗、单位产品水耗、能量转化效率等四项内容作为地下气化项目能耗水平的评价指标。项目的能耗指标与产品方案关系甚大，通过文献调研[194~199]，获得了各类煤化工项目的能耗指标，详见表3-14。常规煤化工项目一般利用地面煤气化技术制取原料气，地面气化的原料煤是经过井工或露天方式采出后再洗选获得的，而地下气化技术集采煤和气化于一体，因此，对于相同的产品方案，地下气化项目的综合能耗理论上应优于地面气化的综合能耗[15]。目前，国内原煤开采和洗选的综合能耗（以标煤计）分别为 $5.00 \sim 14.53 \text{kg/t}$[200] 和 1.23kg/t[201]，水耗分别为 $0 \sim 0.4 \text{m}^3/\text{t}$ 和 $0 \sim 0.15 \text{m}^3/\text{t}$[202]。常规煤化工项目计算能耗指标时一般不计原煤的采选消耗，所以，在评价地下气化项目能耗水平时，应先将计算的能耗指标扣除原煤的采选消耗，再与表3-14中相应方案的消耗指标进行对比评价。

表 3-14 各类煤化工项目的能耗指标[194~199]

产品方案	产品售价	万元产值综合能耗（以标煤计）/t	单位产品综合能耗（以标煤计）/t		单位产品水耗/m³		能量转化效率/%	
			现有水平	规范	现有水平	规范	现有水平	规范
发电	0.5 元/(kW·h)	7.00~10.40	3.50~5.20	≤5.2	15.00~20.00		25.50~29.75	
IGCC	0.5 元/(kW·h)	5.98~6.43	2.99~3.21	≤5.2	9.27~13.90		38.20~41.10	
氢气	4.0 元/m³	1.34~1.53	0.62		3.20		59.40	
天然气	2.0 元/m³	10.85~13.31	2.17~2.66	≤2.3	5.63~6.84	≤6.9	45.98~60.00	≥52
柴油	9000 元/t	4.10~5.02	3.69~4.17	≤4.0	10.60~13.00	≤11	34.89~50.00	≥42
合成氨	2500 元/t	6.28~8.80	1.57~2.20	≤1.5	12.50~18.00	≤6.0	29.72	≥42
甲醇	2300 元/t	6.23~7.26	1.43~1.67		14.00~20.00		43.86~54.00	
二甲醚	3500 元/t	5.86~6.14	2.05~2.56		14.00~22.00		37.84~48.00	
醋酸	3900 元/t	3.41~5.44	1.33		20.00		37.30	
乙二醇	9500 元/t	1.59~2.16	1.51~2.05	≤2.4	9.00~20.00	≤9.6		≥25
乙烯	9000 元/t	4.80~7.78	5.12~7.00	≤5.7	20.00	≤22	31.40~31.51	≥35
丙烯	10000 元/t	4.80~5.12	4.80~5.12	≤5.7	20.00	≤22	30.50~30.59	≥35

注：表中电量的单位产品计量单位为 10^4kW·h，气体的计量单位为 km^3，液体的计量单位为 t。

4 残留煤地下气化变权-模糊层次综合评价模型

目前，地下气化项目的可行性研究主要是从地质条件适宜性和经济效益等方面进行定性分析，少数运用了综合评价方法，但存在评价方法单一、评价指标不全面等缺点，尚未建立起完善的地下气化可行性评价体系。为此，本章对现有不同综合评价方法进行了对比分析，采用层次分析法、模糊综合评价法和变权综合原理等数学方法，阐述了评价方法的基本原理与数学模型的构建方法，建立了残留煤地下气化可行性变权-模糊层次综合评价模型，并将模型应用于贵州省盘县山脚树煤矿地下气化项目的可行性综合评价。

4.1 综合评价方法选择

综合评价方法是基于某一评价理论，构建数学模型，采用多个评价因素或指标对被评对象进行评价，并将多个指标值合成一个反映整体性的综合评价值，再根据评价值得出被评对象的优劣情况。综合评价方法主要可分为九大类近 20 种方法[35]，常用的单一评价方法有加权平均法、模糊综合评价法、层次分析法、Delphi 法、技术经济分析法、主成分分析法、多属性决策法、灰色综合评估法、数据包络分析法、BP 神经网络法等。受指标体系、系数取值和评价方法等因素影响，单一评价方法的评价结果往往存在一定的误差。上述评价方法中，以模糊综合评价法和层次分析法应用最为广泛，相关理论发展也极为成熟，而这两种评价方法的组合——模糊层次综合法又优于一般的单一评价方法[203,204]，故本章采用模糊层次综合法。

普通评价方法一般采用常权评价，即无论评价指标值如何变化，指标的权值保持不变。在实际情况中，一般评价因素较多，分配给各指标的权重相对较低，当评价的某些指标出现极值时，若采用常权来处理，往往会掩盖这类指标对整体评价的影响，从而导致得出的评价结果可能严重偏离实际，所以，在构建综合评价数学模型时有必要引入变权理论。

综上所述，本章决定采用基于变权的模糊层次分析法对残留煤地下气化项目的可行性进行评价研究。

4.2 变权-模糊层次综合评价基本原理

变权-模糊层次综合评价涉及的主要理论包括模糊层次综合评价法和变权综合原理，本节对两种理论的基本原理进行了简要阐述。

4.2.1 模糊层次综合评价法

模糊层次综合评价法（fuzzy analytic hierarchy process，FAHP），又称模糊层次分析法，是一种将模糊综合评价法和层次分析法相结合的评价方法。模糊层次综合评价法一般有 3 种形式：

（1）建模方法、计算过程和层次分析法基本相同，通过元素两两比较构造模糊一致判断矩阵，适用于多方案决策[205]。

（2）先构建层次模型，再由评价等级和影响因素构造模糊判断矩阵，采用模糊数学法计算各影响因素对应不同等级的隶属度，并通过层次分析法获得各因素的权重，适用于单方案评价[206]。

（3）先构建层次模型，再由备选方案和影响因素构造模糊判断矩阵，各因素的隶属度和权重计算方法与形式（2）相同，适用于多方案决策[207]。

本章的主要目的在于探索残留煤地下气化项目可行性的评价方法，属于单方案评价范畴，因此，本章中模糊层次综合评价模型以形式（2）为主，同时评价模型也可变换为形式（3），用于地下气化项目的多方案决策。

4.2.2 变权的基本概念及原理

国内学者对变权的概念、原理与定理进行了详细论述和证明[208,209]，本节仅对变权、状态变权向量和均衡函数的公理化定义进行简单介绍。

设一组（m 维）常权向量 $w_j^{(0)}(x_1, \cdots, x_m)(j = 1, 2, \cdots, m)$，则常规状态下的常权综合模式为：

$$V_0 = \sum_{j=1}^{m} \left[w_j^{(0)} x_j \right] \tag{4-1}$$

4.2.2.1 变权的公理化定义[208]

设一组（m 维）变权是下述 m 个映射 $w_j(j = 1, 2, \cdots, m)$：

$$w_j: [0, 1]^m \rightarrow [0, 1], (x_1, \cdots, x_m) \mapsto w_j(x_1, \cdots, x_m)$$

满足以下 3 条公理：

（W_1）归一性：$\sum_{j=1}^{m} w_j(x_1, \cdots, x_m) = 1$；

（W_2）连续性：$w_j(x_1, \cdots, x_m)(j=1, 2, \cdots, m)$ 关于每个变元连续；

（W_3）惩罚性：$w_j(x_1, \cdots, x_m)(j=1, 2, \cdots, m)$ 关于变元 x_j 单调下降。

则称 $w_1, w_2, \cdots, w_m$ 为一组（m 维）变权。

则 $\{w_j(x_1, \cdots, x_m)\}_{(1 \leqslant j \leqslant m)}$ 的变权综合模式为：

$$V = \sum_{j=1}^{m} (w_j x_j) \tag{4-2}$$

式（4-2）称为（m 维）变权综合函数。

4.2.2.2　状态变权向量的公理化定义[208]

设 $S_j: (0, 1)^m \to (0, 1)$，$(x_1, \cdots, x_m) \mapsto S_j(x_1, \cdots, x_m)$，满足：

（S_1）$S_j(\sigma_{ij}(x_1, \cdots, x_m)) = S_j(x_1, \cdots, x_m)$，（$\sigma_{ij}(x_1, \cdots, x_m)$ 表示交换 $(x_1, \cdots, x_m)$ 中第 i 个分量与第 j 个分量的位置）；

（S_2）$x_i \geqslant x_j \Rightarrow S_i(x_1, \cdots, x_m) \leqslant S_j(x_1, \cdots, x_m)$；

（S_3）$S_j(x_1, \cdots, x_m)(j=1, 2, \cdots, m)$ 对每个变元连续；

（S_4）对任意权向量 $W^{(0)} = (w_1^{(0)}, \cdots, w_m^{(0)})(w_i^{(0)} > 0(i=1, 2, \cdots, m)$，$\sum_{j=1}^{m} w_j^{(0)} = 1)$，有

$$w_j(x_1, \cdots, x_m) = \frac{w_j^{(0)} S_j(x_1, \cdots, x_m)}{\sum_{j=1}^{m} [w_j^{(0)} S_j(x_1, \cdots, x_m)]} \tag{4-3}$$

满足 W_1、W_2 和 W_3，则称 $(S_1(x_1, \cdots, x_m), \cdots, S_m(x_1, \cdots, x_m))$ 为状态变权向量。

4.2.2.3　均衡函数的公理化定义[208,209]

函数 $B: (0, 1]^m \to R$ 称为均衡函数是指它有连续的偏导数：

$$S_j(x_1, \cdots, x_m) = \frac{\partial B}{\partial x_j} \tag{4-4}$$

且满足：

（B_1）$S_j(\sigma_{ij}(x_1, \cdots, x_m)) = S_j(x_1, \cdots, x_m)$；

（B_2）$x_i \geqslant x_j \Rightarrow S_i(x_1, \cdots, x_m) \leqslant S_j(x_1, \cdots, x_m)$；

$$（B_3）\ w_j（x_1，\ \cdots，\ x_m）=\frac{w_j^{(0)}\dfrac{\partial B}{\partial x_j}}{\displaystyle\sum_{j=1}^{m}\left(w_j^{(0)}\dfrac{\partial B}{\partial x_j}\right)}。$$

满足 W_1、W_2 和 W_3，则称式（4-5）为均衡函数 $B(x_1，\cdots，x_m)$ 的变权模式。

$$w_j（x_1，\ \cdots，\ x_m）=\frac{w_j^{(0)}\dfrac{\partial B}{\partial x_j}}{\displaystyle\sum_{j=1}^{m}\left(w_j^{(0)}\dfrac{\partial B}{\partial x_j}\right)} \tag{4-5}$$

刘文奇[209]定义了四类均衡函数：

$$\sum_1（x_1，\ \cdots，\ x_m）=\sum_{j=1}^{m}x_j \tag{4-6}$$

$$\prod_1（x_1，\ \cdots，\ x_m）=\prod_{j=1}^{m}x_j \tag{4-7}$$

$$\sum_\alpha（x_1，\ \cdots，\ x_m）=\sum_{j=1}^{m}x_j^\alpha\quad（\alpha\geqslant 0） \tag{4-8}$$

$$\prod_\alpha（x_1，\ \cdots，\ x_m）=\prod_{j=1}^{m}x_j^\alpha\quad（\alpha\geqslant 0） \tag{4-9}$$

其中，均衡函数式（4-6）、式（4-7）分别是均衡函数式（4-8）、式（4-9）的特殊形式（当 $\alpha=1$ 时），故均衡函数可分为两种基本类型，分别称为 Ⅰ 型和 Ⅱ 型。

4.2.2.4 变权公式和变权综合模式[208,209]

将式（4-8）和式（4-9）分别代入式（4-4）得：

$$S_{Ij}（x_1，\cdots，x_m）=\frac{\partial B_{I}}{\partial x_j}=\frac{\partial\displaystyle\sum_{j=1}^{m}x_j^\alpha}{\partial x_j}=\alpha x_j^{\alpha-1}\quad（\alpha\geqslant 0） \tag{4-10}$$

$$S_{Ⅱj}（x_1，\cdots，x_m）=\frac{\partial B_{Ⅱ}}{\partial x_j}=\frac{\partial\displaystyle\prod_{j=1}^{m}x_j^\alpha}{\partial x_j}=\alpha x_j^{-1}\prod_{j=1}^{m}x_j^\alpha\quad（\alpha\geqslant 0） \tag{4-11}$$

将式（4-10）和式（4-11）依次代入式（4-5），分别可得变权公式 Ⅰ 和变权公式 Ⅱ。

$$w_{Ij}（x_1，\cdots，x_m）=\frac{w_j^{(0)}\alpha x_j^{\alpha-1}}{\displaystyle\sum_{j=1}^{m}（w_j^{(0)}\alpha x_j^{\alpha-1}）}=\frac{w_j^{(0)}x_j^{\alpha-1}}{\displaystyle\sum_{j=1}^{m}（w_j^{(0)}x_j^{\alpha-1}）}\quad（\alpha\geqslant 0） \tag{4-12}$$

$$w_{\mathrm{II}j}(x_1, \cdots, x_m) = \frac{w_j^{(0)} \alpha x_j^{-1} \prod\limits_{j=1}^{m} x_j^{\alpha}}{\sum\limits_{j=1}^{m} \left(w_j^{(0)} \alpha x_j^{-1} \prod\limits_{j=1}^{m} x_j^{\alpha} \right)} = \frac{w_j^{(0)}}{x_j \sum\limits_{j=1}^{m} \left(w_j^{(0)} x_j^{-1} \right)} \quad (4\text{-}13)$$

再将式 (4-12) 和式 (4-13) 依次代入式 (4-2), 分别可得变权综合模式 I 和变权综合模式 II:

$$V_{\mathrm{I}} = \sum_{i=1}^{m} \frac{w_i^{(0)} x_i^{\alpha}}{\sum\limits_{j=1}^{m} \left(w_j^{(0)} x_j^{\alpha-1} \right)} \quad (\alpha \geqslant 0; \ i, \ j = 1, \ \cdots, \ m) \quad (4\text{-}14)$$

$$V_{\mathrm{II}} = \sum_{i=1}^{m} \frac{w_i^{(0)}}{\sum\limits_{j=1}^{m} \left(w_j^{(0)} x_j^{-1} \right)} \quad (i, \ j = 1, \ \cdots, \ m) \quad (4\text{-}15)$$

讨论式 (4-12) 中 α 取值对评价结果的影响。

(1) 当 $\alpha = 0$ 时, 式 (4-12) 转化为式 (4-13), 即变权公式 I 转化为变权公式 II。

(2) 当 $0 < \alpha < 1$ 时, $w_j(x_1, \cdots, x_m)$, $(j = 1, 2, \cdots, m)$ 关于每个变元 x_j 满足惩罚性, 即随 x_j 减小, $w_j(x_1, \cdots, x_m)$ 变大, 此时, 介于变权模式 II 和常权模式之间。

(3) 当 $\alpha = 1$ 时, $w_j(x_1, \cdots, x_m) = w_j^{(0)}(x_1, \cdots, x_m)$, 即变权转化为常权。

(4) 当 $\alpha > 1$ 时, $w_j(x_1, \cdots, x_m)$, $(j = 1, 2, \cdots, m)$ 关于每个变元 x_j 满足激励性, 即随 x_j 增大, $w_j(x_1, \cdots, x_m)$ 变大。

综上所述, 变权公式 II 为变权公式 I 的特例, 故上述变权公式 I、II 或者变权综合模式可合并为一种类型, 即变权综合 I。在实际应用过程中, α 的取值决定着变权模式, 从而直接影响综合评价的结果, 因此, 其取值需结合所研究的实际问题、人的心理期望以及评估方法进行确定。

常权综合与变权综合 II 是变权综合的两极, 常权综合忽视了因素间的平衡关系, 而变权综合 II 则最注重因素间平衡关系。当 $\alpha > 1/2$ 时, 相应的排序逐次趋向常权综合排序, 表明评判者认为能够接受某些方面的缺陷; 而当 $\alpha < 1/2$ 时, 则相应的排序逐次趋向变权综合 II 的排序, 即说明评判者对诸因素的平衡问题考虑得较多; 一般情况下, 取 $\alpha = 1/2$ 为宜[209]。

4.3 残留煤地下气化变权-模糊层次综合评价模型构建

基于模糊层次综合评价和变权的基本原理, 明确了变权-模糊层次综合评价模型的建模方法, 并构建了残留煤地下气化变权-模糊层次综合评价模型。

4.3.1 变权模糊层次综合评价模型的建立方法

变权模糊层次综合评价模型的构建包括建立评语集、建立评价指标集、建立评价矩阵、确定指标权重和综合评价等 5 个步骤。

（1）确定评语集。建立分级评语集合 $V = \{V_1, V_2, \cdots, V_j, \cdots, V_n\}$，同时确定各评语等级的界定值。评语等级不宜太多或太少，若太多，评判结果不易集中；太少，则评判结果拉不开档次。

（2）建立评价指标集。选择合适的评价指标，建立评价指标集 $U = \{U_1, U_2, \cdots, U_j, \cdots, U_n\}$，并对不同指标进行分类，构建合理的层次结构模型，再根据被评对象的实际情况对各指标进行赋值。

（3）构建评判矩阵。确定合适的隶属函数 $A(x)$，将指标值 x 代入 $A(x)$ 计算其属于各评价等级的隶属度 r_{ij}，并建立指标评判矩阵 $\boldsymbol{R} = \{r_{ij}\}_{m \times n}$, $(i = 1, 2, \cdots, m; j = 1, 2, \cdots, n)$。

（4）计算指标权重。

1）确定各指标初始权重 $W^{(0)}$。采用层次分析法确定各指标的初始权重 w_i，由各指标的权重构成判断矩阵的特征向量（权重向量）$W^{(0)} = \{w_i\}_n^T$, $(i = 1, 2, \cdots, n)$。

2）采用变权理论，重新确定各指标权重 W。根据变权原理，利用式(4-16)，由评价指标的初始权重和判断矩阵计算各指标的新权重 w_{ij}，并构建权重矩阵 $\boldsymbol{W} = \{w_{ij}\}_{m \times n}$。

$$w_{ij}(r_{11}, \cdots, r_{mn}) = \frac{w_i^{(0)} r_{ij}^{-0.5}}{\sum\limits_{i=1}^{m} (w_i^{(0)} r_{ij}^{-0.5})} \quad (i = 1, 2, \cdots, m; j = 1, 2, \cdots, n)$$

$$(4\text{-}16)$$

（5）综合评价。将第（4）步求得的权重矩阵 $\boldsymbol{W}$ 和第（3）步构建的判断矩阵 $\boldsymbol{R}$ 相乘，得 $\boldsymbol{B}^{(0)} = \boldsymbol{W} \cdot \boldsymbol{R} = \{b_{ij}\}_{n \times n}(j = 1, 2, \cdots, n)$，取其对角线上的值 $b^* = \{b_{11}, b_{22}, \cdots, b_{nn}\}$，归一化后即为相应层次的评价结果。

4.3.2 评语集确定

本章构建的变权-模糊层次综合评价模型主要用于评价残留煤地下气化项目是否可行，故模型的评语集划分为可行、基本可行和不可行三个等级。各指标的分级界定值见表 4-1。

表 4-1　残留煤地下气化综合评价指标分级

指标编号	分级界定值			指标编号	分级界定值			指标编号	分级界定值		
	u_1	u_2	u_3		u_1	u_2	u_3		u_1	u_2	u_3
D_1	1.00	2.00	3.00	D_{31}	5.00	7.00	9.00	D_{61}	2.00	3.00	4.00
D_2	5.00	17.50	30.00	D_{32}	60.00	70.00	80.00	D_{62}	0.20	0.30	0.40
D_3	5.00	17.50	30.00	D_{33}	40.00	45.00	50.00	D_{63}	3.00	4.50	6.00
D_4	0.40	0.55	0.70	D_{34}	55.00	65.00	75.00	D_{64}	70.00	80.00	90.00
D_5	16.54	33.04	49.54	D_{35}	1000.00	1500.00	2000.00	D_{65}	70.00	80.00	90.00
D_6	12.00	15.00	22.50	D_{36}	5.00	10.00	15.00	D_{66}	70.00	80.00	90.00
D_7	2.70	2.03	1.35	D_{37}	8.00	13.00	18.00	D_{67}	70.00	80.00	90.00
D_8	100.00	300.00	500.00	D_{38}	2.00	4.50	7.00	D_{68}	70.00	80.00	90.00
D_9	1.20	6.60	12.00	D_{39}	1.00	2.00	3.00	D_{69}	70.00	80.00	90.00
D_{10}	12.00	35.00	65.00	D_{40}	40.00	50.00	60.00	D_{70}	70.00	80.00	90.00
D_{11}	0.00	0.25	0.50	D_{41}	8.00	13.00	18.00	D_{71}	70.00	80.00	90.00
D_{12}	0.60	0.70	0.80	D_{42}	0.00	275.00	550.00	D_{72}	70.00	80.00	90.00
D_{13}	2.00	6.00	10.00	D_{43}	0.00	2.60	3.50	D_{73}	70.00	80.00	90.00
D_{14}	12.00	18.00	30.00	D_{44}	0.00	120.00	240.00	D_{74}	70.00	80.00	90.00
D_{15}	10.00	20.00	30.00	D_{45}	0.00	0.77	1.20	D_{75}	0.60	0.80	0.90
D_{16}	0.50	1.00	1.50	D_{46}	0.00	60.00	120.00	D_{76}	0.60	0.80	0.90
D_{17}	20.00	30.00	40.00	D_{47}	0.00	3.50	5.00	D_{77}	0.60	0.80	0.90
D_{18}	3.00	4.00	5.00	D_{48}	6.00	7.00	9.00	D_{78}	0.60	0.80	0.90
D_{19}	1200.00	1250.00	1300.00	D_{49}	70.00	110.00	150.00	D_{79}	0.60	0.80	0.90
D_{20}	60.00	80.00	100.00	D_{50}	20.00	25.00	30.00	D_{80}	0.60	0.80	0.90
D_{21}	3.19	4.15	10.00	D_{51}	60.00	90.00	120.00	D_{81}	0.60	0.80	0.90
D_{22}	8.00	18.00	28.00	D_{52}	5.00	7.50	10.00	D_{82}	0.60	0.80	0.90
D_{23}	5.00	6.00	7.00	D_{53}	85.00	90.00	95.00	D_{83}	0.60	0.80	0.90
D_{24}	0.00	50.00	100.00	D_{54}	70.00	75.00	80.00	D_{84}	0.60	0.80	0.90
D_{25}	40.00	60.00	80.00	D_{55}	70.00	80.00	90.00	D_{85}	0.60	0.80	0.90
D_{26}	0.33	0.50	1.00	D_{56}	85.00	90.00	95.00	D_{86}	7.00	8.70	10.40
D_{27}	0.00	10.00	30.00	D_{57}	85.00	90.00	95.00	D_{87}	3.50	4.35	5.20
D_{28}	40.00	60.00	80.00	D_{58}	80.00	85.00	90.00	D_{88}	15.00	17.50	20.00
D_{29}	0.05	0.13	0.20	D_{59}	55.00	62.50	70.00	D_{89}	25.50	27.63	29.75
D_{30}	70.00	80.00	90.00	D_{60}	70.00	85.00	100.00				

注：表中不同指标编号的含义详见图 4-1。

4.3.3　评价指标集建立

综合评价体系的建立应遵循科学性、可行性和系统性等原则，即评价指标必须是通过客观规律、实践经验、理论知识等分析总结获得的，同时建立的评价体系应便于资料和数据的收集，选取的指标也应该可以进行量化处理。此外，指标体系应能全面反映被评对象的整体情况，以保证评价结果的全面性和可信度[210]。

本书第 3 章从资源条件、技术方案、经济效益、环境影响、安全保障、能耗水平等 6 个方面考虑，分析了众多因素对地下气化的影响，基于这些分析选取了 89 项因素作为地下气化项目可行性评价指标。采用实验室试验、文献调研和理论分析等方法，分析了各项指标对地下气化项目可行性的影响，定量指标参照国内相关行业的规范标准或者实际工况进行取值，对于定性指标则采用专家打分等方法进行量化处理，从而得到了不同指标的合理取值范围，能全面、客观地反映被评对象的实际情况。由于残留煤地下气化可行性的影响因素较多，为避免权值小的指标在评价过程中被淹没，建立了多层次结构模型，如图 4-1 所示（图中指标层 D 编号与表 4-1 相对应）。

4.3.4　评判矩阵构建

为将各指标对象的评测值转化为统一的无量纲量，需要借助模糊数学中的隶属函数对各指标的原始值进行处理，将不同维度的数值统一规划到 [0，1] 区间上的隶属度。

根据曲线类型，隶属函数可分为线性和非线性两大类，前者有矩形、三角形和梯形等形式，而后者有抛物型、正态性、柯西型等形式。实际应用中，为了便于计算，一般采用线性隶属函数。根据地下气化可行性评价指标的特点，可将其划分为效益型（数值越大越好）、成本型（数值越小越好）和中间型（数值介于某个区间较好）等 3 种类型，各类指标的隶属函数分布曲线如图 4-2 所示，分级隶属函数见表 4-2。

将评价案例的各指标状态值代入表 4-2 中对应的隶属函数，即可计算得其属于各评价等级的隶属度，并建立指标评判矩阵。

4.3.5　指标权重计算

确定权重的常用方法有层次分析法、专家调查法、经验估计法、统计平均法、变异系数法等，残留煤地下气化综合评价是一个由一系列相互关联和制约的定量或定性因素所构成的复杂系统决策问题，因此，可采用层次分析法求取各层指标的初始权重，计算步骤如下：

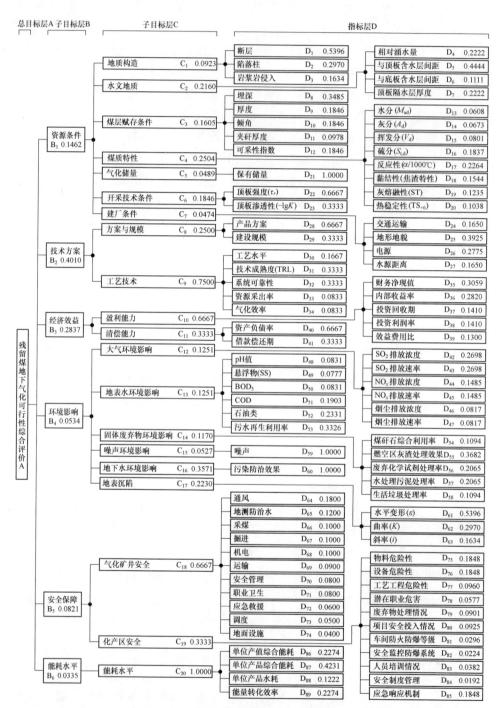

图 4-1　残留煤地下气化综合评价指标层次结构模型及其权重分配

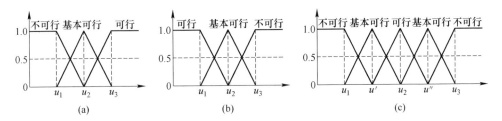

图 4-2 残留煤地下气化综合评价指标模糊函数分布曲线

（a）效益型；（b）成本型；（c）中间型

表 4-2 残留煤地下气化综合评价指标隶属函数

函数类型	可行	基本可行	不可行
效益型	$A(x) = \begin{cases} 0 & x \leq u_2 \\ \dfrac{x - u_2}{u_3 - u_2} & u_2 < x < u_3 \\ 1 & x \geq u_3 \end{cases}$	$A(x) = \begin{cases} 0 & x \leq u_1 \\ \dfrac{x - u_1}{u_2 - u_1} & u_1 < x \leq u_2 \\ \dfrac{u_3 - x}{u_3 - u_2} & u_2 < x < u_3 \\ 0 & x \geq u_3 \end{cases}$	$A(x) = \begin{cases} 1 & x \leq u_1 \\ \dfrac{u_2 - x}{u_2 - u_1} & u_1 < x < u_2 \\ 0 & x \geq u_2 \end{cases}$
成本型	$A(x) = \begin{cases} 1 & x \leq u_1 \\ \dfrac{u_2 - x}{u_2 - u_1} & u_1 < x < u_2 \\ 0 & x \geq u_2 \end{cases}$	$A(x) = \begin{cases} 0 & x \leq u_1 \\ \dfrac{x - u_1}{u_2 - u_1} & u_1 < x \leq u_2 \\ \dfrac{u_3 - x}{u_3 - u_2} & u_2 < x < u_3 \\ 0 & x \geq u_3 \end{cases}$	$A(x) = \begin{cases} 0 & x \leq u_2 \\ \dfrac{x - u_2}{u_3 - u_2} & u_2 < x < u_3 \\ 1 & x \geq u_3 \end{cases}$
中间型	$A(x) = \begin{cases} 0 & x \leq u' \\ \dfrac{x - u'}{u_2 - u'} & u' < x \leq u_2 \\ \dfrac{u'' - x}{u'' - u_2} & u_2 < x < u'' \\ 0 & x \geq u'' \end{cases}$	$A(x) = \begin{cases} 0 & x \leq u_1 \\ \dfrac{x - u_1}{u' - u_1} & u_1 < x \leq u' \\ \dfrac{u_2 - x}{u_2 - u'} & u' < x \leq u_2 \\ \dfrac{x - u_2}{u'' - u_2} & u_2 < x \leq u'' \\ \dfrac{u_3 - x}{u_3 - u''} & u'' < x < u_3 \\ 0 & x \geq u_3 \end{cases}$	$A(x) = \begin{cases} 1 & x \leq u_1 \\ \dfrac{u' - x}{u' u'} & u_1 < x < u' \\ 0 & u' \leq x \leq u'' \\ \dfrac{x - u''}{u_3 - u''} & u'' < x < u_3 \\ 1 & x \geq u_3 \end{cases}$

注：表中各指标隶属函数计算所需的分级界定值详见表4-1。

（1）建立层次结构模型。根据第3章内容，建立残留煤地下气化综合评价的层次结构模型，如图4-1所示。

（2）构造判断矩阵。根据层次结构模型，采用 T. L. Saaty 的 1~9 标度法[211]

（见表4-3），对同一层的各指标相对上一层指标的重要程度进行两两对比，得出两者相对重要性 a_{ij}。由 a_{ij} 构成的矩阵 $A = \{a_{ij}\}_{n \times n}$，$(i, j = 1, 2, \cdots, n)$ 即为构造判断矩阵。

表4-3　判断矩阵标度及其含义[211]

标度	含　义
1	i 与 j 两个因素相比，具有同等重要性
3	i 与 j 两个因素相比，i 比 j 稍微重要
5	i 与 j 两个因素相比，i 比 j 明显重要
7	i 与 j 两个因素相比，i 比 j 强烈重要
9	i 与 j 两个因素相比，i 比 j 极端重要
2、4、6、8	上述两相邻标度的中值
倒数	因素 i 与 j 比较得 a_{ij}，则因素 j 与 i 比较得 $a_{ji} = 1/a_{ij}$

（3）求权重向量。T. L. Saaty 列举了4种权重向量的求取方法，其中效果较好的为和法与根法，而后者应用较为广泛[211]。根法的具体计算步骤如下：

1）先将判断矩阵的每行 n 个元素连乘求积，然后将乘积开 n 次方，得 $\overline{w}_i = \sqrt[n]{\prod_{j=1}^{n} a_{ij}}$，$(i, j = 1, 2, \cdots, n)$。

2）再将其作归一化处理得 $w_i = \sqrt[n]{\prod_{j=1}^{n} a_{ij}} \Big/ \sum_{i=1}^{n} \sqrt[n]{\prod_{j=1}^{n} a_{ij}}$，$(i, j = 1, 2, \cdots, n)$，所求得的特征向量 $W^{(0)} = \{w_i\}_n^T$，$(i = 1, 2, \cdots, n)$ 即为初始权重向量。

（4）一致性检验。为确保各判断矩阵的可行性，需要对其进行一致性检验，具体步骤是：先计算判断矩阵的最大特征值 $\lambda_{max} = \sum_{i=1}^{n} \dfrac{Aw_i}{nw_i}$，然后计算一致性指标 $C.I. = \dfrac{\lambda_{max} - n}{n - 1}$，再计算一致性比率 $C.R. = \dfrac{C.I.}{R.I.}$，当 $C.R. < 0.1$ 时，即认为判断矩阵通过一致性检验，否则需要对该矩阵进行重新调整，直至满足条件。随机一致性指标 $R.I.$ 的取值与判断矩阵阶数有关，详见表4-4。

表4-4　1~15 阶判断矩阵 $R.I.$ 值[211]

矩阵阶数 n	1	2	3	4	5	6	7	8	9	10	11	12	13	14	15
$R.I.$	0.00	0.00	0.58	0.90	0.12	1.24	1.32	1.41	1.45	1.49	1.51	1.48	1.56	1.57	1.59

根据上述方法计算评价模型各层指标的初始权重，结果如图4-1所示。

4.4 评价模型应用

以贵州省盘州市山脚树煤矿突出煤层地下气化示范工程为例，采用构建的残留煤地下气化可行性变权-模糊层次综合评价模型对该项目进行了评价。

4.4.1 项目概况

为探索贵州省高突煤层资源的安全开采和清洁利用路径，贵州盘江投资控股（集团）有限公司（以下简称"盘江集团"）提出建设盘江高突煤层地下气化开发与综合利用产业示范工程（以下简称"盘江 UCG 试验"），项目建设地点为贵州省盘州市山脚树煤矿。该项目以高突难采煤炭资源（高瓦斯、煤与瓦斯突出煤层）为原料，采用有井式地下气化技术，以 80% 富氧-蒸汽连续气化工艺生产煤气，粗煤气经钻孔输送至地面，并由管道到达净化系统，经过洗涤、冷却、电捕焦、脱硫、脱氨和脱苯等工序，除去煤气中的粉尘、水分、焦油、硫化物、氨、苯和萘等杂质，在此过程中形成焦油、硫铵和粗苯等副产品，精煤气进入气柜，经过调质、稳压后，供应燃气发电机组发电。该项目的总工艺流程如图 4-3 所示，主要技术经济指标和气化指标分别见表 4-5 和表 4-6。

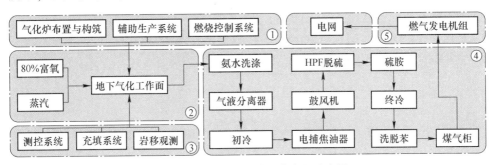

图 4-3 盘江 UCG 试验工艺流程示意图

表 4-5 盘江 UCG 试验主要技术经济指标

项　　目	数量	项　　目	数量
气化规模/万吨·a^{-1}	4.00	总投资/万元	9769.80
吨煤产气率/m^3	1752	建设投资/万元	9094.40
粗煤气产量（干）/$m^3 \cdot a^{-1}$	6.50421×10^7	年均销售收入/万元	3647.97
气化条带数量/个	3	年均总成本费用/万元	2738.66
工作面长度/m	10	年均利润总额/万元	597.08
推进长度/m	162	年均所得税/万元	89.56
总装机容量/MW	7.00	年均税后利润/万元	507.49

续表4-5

项　目	数量	项　目	数量
年运行时间/h	8000	财务净现值/万元	1025
年发电量/kW·h·a^{-1}	$5.600×10^7$	内部收益率/%	9.62
焦油产量/t·a^{-1}	1500	投资回收期/年	9.41
硫铵产量/t·a^{-1}	300	投资利润率/%	5.19
粗苯产量/t·a^{-1}	700	效益费用比	1.09
耗水量/m^3·a^{-1}	$8.09×10^4$	借款偿还期/年	9.01
耗电量/kW·h·a^{-1}	$1.54088×10^7$	资产负债率/%	24.55

表4-6　盘江 UCG 试验主要气化指标

项　目		数量	项　目	数量
煤气组分气体体积分数/%	H_2	34.98	煤耗/kg·m^{-3}	0.61
	CO	25.87	80%富氧消耗/m^3·m^{-3}	0.34
	CH_4	4.07	蒸汽消耗/kg·m^{-3}	0.61
	C_2H_4	0.51	煤气产率/m^3·kg^{-1}	1.65
	H_2S	0.05	汽氧比/kg·m^{-3}	2.24
	CO_2	27.16	蒸汽分解率/%	30.58
	O_2	0.09	煤气中水汽含量/g·m^{-3}	283.89
	N_2及其他	7.28	粗煤气煤尘含量/g·m^{-3}	6.78
低位热值/MJ·m^{-3}		8.82	焦油产率/%	6.44
高位热值/MJ·m^{-3}		9.69	粗煤气焦油含量/g·m^{-3}	39.00
气化效率/冷煤气效率/%		63.28	粗煤气 NH_3 含量/g·m^{-3}	1.69
热煤气效率/%		73.97	灰渣产率/%	30.43
热效率/%		67.48	灰渣含碳/%	10.00
热损失率/%		26.33	碳转化率/%	85.48
氧气体积分数/%		80.00	气化强度/kg·(h·m^2)$^{-1}$	79.37

4.4.2　指标状态值与分级界定值确定

根据评价指标状态值确定方法的不同，可将其分为实际指标、测算指标和经验指标等三类，分述如下：

（1）实际指标。实际指标是指可以通过现场调研、实验室试验等方法获得相应状态值的指标。鉴于指标状态值的获取方法，这类指标最能反映项目的实际情况。结合评价项目的实际情况，其评价模型中的实际指标有资源条件 $D_1 \sim D_{24}$ 和 $D_{26} \sim D_{27}$、技术方案 D_{29} 等 27 个。

（2）测算指标。由于评价项目尚未实施，部分指标的取值只能根据项目的资源条件和产品方案，采用数学模型或者根据相关规范进行计算获得，这类指标称为测算指标。为减少预测值误差，计算过程中相关参数的取值应尽量符合被评对象的实际情况。地下气化项目的核心部分为气化工艺，气化工艺参数的选择对后期工艺选择、投资估算和效益分析的影响至关重要。根据地下气化特点，结合综合计算法和反应平衡计算法，构建了一套地下气化过程的半理论计算方法，具体计算过程见文献 ［212］。采用该方法对盘江 UCG 试验的地下气化过程进行模拟计算，再根据结果选择工艺设备，从而进一步预测项目的经济效益、环境影响和能耗水平。评价模型中的测算指标有技术方案 $D_{33} \sim D_{34}$、经济效益 $D_{35} \sim D_{41}$、环境影响 $D_{42} \sim D_{54}$、$D_{56} \sim D_{59}$ 和 $D_{61} \sim D_{63}$、能耗水平 $D_{86} \sim D_{89}$ 等 33 个。

（3）经验指标。经验指标是指那些难以或者无法通过实测和计算等方法获得取值的指标。这类指标通常是一些定性指标，通常采用由相关领域的专家根据经验进行评分的方法进行量化处理。本书评价模型中的经验指标有资源条件 D_{25}、技术方案 D_{28} 和 $D_{30} \sim D_{32}$、环境影响 D_{55} 和 D_{60}、安全保障 $D_{64} \sim D_{85}$ 等 29 个。

根据盘江 UCG 试验的实际情况，确定了各指标的状态值和分级界定值，详见表 4-7。

表 4-7　盘江 UCG 试验评价指标的状态值、分级界定值、隶属度及变权结果

指标编号	单位	状态值	分级界定值			隶属度			变权后权值		
			u_1	u_2	u_3	可行	基本可行	不可行	可行	基本可行	不可行
D_1	—	0.00	1.00	2.00	3.00	0.9980	0.0010	0.0010	0.5396	0.5396	0.5396
D_2	%	0.00	5.00	17.50	30.00	0.9980	0.0010	0.0010	0.2970	0.2970	0.2970
D_3	%	0.00	5.00	17.50	30.00	0.9980	0.0010	0.0010	0.1634	0.1634	0.1634
D_4	m^3/t	0.61	0.40	0.55	0.70	0.0010	0.5750	0.4240	0.9003	0.0118	0.0137
D_5	m	396.55	16.54	33.04	49.54	0.9980	0.0010	0.0010	0.0570	0.5647	0.5636
D_6	m	147.92	12.00	15.00	22.50	0.9980	0.0010	0.0010	0.0142	0.1412	0.1409
D_7	m	6.11	2.70	2.03	1.35	0.9980	0.0010	0.0010	0.0285	0.2824	0.2818
D_8	m	412.15	100.00	300.00	500.00	0.0010	0.8780	0.1210	0.6113	0.0370	0.0627
D_9	m	1.50	1.20	6.60	12.00	0.0010	0.1106	0.8884	0.3237	0.0552	0.0123
D_{10}	(°)	24.00	12.00	35.00	65.00	0.0430	0.9560	0.0188	0.0494	0.0188	0.3656
D_{11}	m	0.00	0.00	0.25	0.50	0.9980	0.0010	0.0010	0.0054	0.3078	0.1937

指标编号	单位	状态值	分级界定值			隶属度			变权后权值		
			u_1	u_2	u_3	可行	基本可行	不可行	可行	基本可行	不可行
D_{12}	—	1.00	0.60	0.70	0.80	0.9980	0.0010	0.0010	0.0102	0.5812	0.3657
D_{13}	%	1.18	2.00	6.00	10.00	0.9980	0.0010	0.0010	0.0041	0.1103	0.1067
D_{14}	%	28.00	12.00	18.00	30.00	0.0010	0.1661	0.8329	0.1442	0.0095	0.0041
D_{15}	%	25.21	10.00	20.00	30.00	0.5206	0.4784	0.0010	0.0075	0.0066	0.1403
D_{16}	%	0.16	0.50	1.00	1.50	0.9980	0.0010	0.0010	0.0124	0.3330	0.3221
D_{17}	%	25.95	20.00	30.00	40.00	0.0010	0.5945	0.4045	0.4850	0.0168	0.0197
D_{18}	—	6.00	3.00	4.00	5.00	0.0010	0.0010	0.9980	0.3310	0.2800	0.0086
D_{19}	℃	>1500	1200.00	1250.00	1300.00	0.9980	0.0010	0.0010	0.0084	0.2238	0.2165
D_{20}	%	61.80	60.00	80.00	100.00	0.9095	0.0895	0.0010	0.0074	0.0199	0.1820
D_{21}	Mt	3.85	3.19	4.15	10.00	0.0010	0.6864	0.3126	1.0000	1.0000	1.0000
D_{22}	m	13.35	8.00	18.00	28.00	0.0010	0.5345	0.4645	0.6666	0.7321	0.0848
D_{23}	—	6.00	5.00	6.00	7.00	0.0010	0.9980	0.0010	0.3334	0.2679	0.9152
D_{24}	km	2.00	0.00	50.00	100.00	0.9595	0.0395	0.0010	0.1420	0.0788	0.1650
D_{25}	分	50.00	40.00	60.00	80.00	0.4995	0.4995	0.0010	0.4682	0.0527	0.3924
D_{26}	—	1.00	0.33	0.50	1.00	0.9980	0.0010	0.0010	0.2342	0.8335	0.2776
D_{27}	km	2.00	0.00	10.00	30.00	0.7995	0.1995	0.0010	0.1556	0.0351	0.1650
D_{28}	分	50.00	40.00	60.00	80.00	0.4995	0.4995	0.0010	0.0821	0.0821	0.9844
D_{29}	Mt/a	0.04	0.05	0.13	0.20	0.0010	0.0010	0.9980	0.9179	0.9179	0.0156
D_{30}	分	75.00	70.00	80.00	90.00	0.0010	0.4995	0.4995	0.5901	0.0603	0.0098
D_{31}	—	8.00	5.00	7.00	9.00	0.4995	0.4995	0.0010	0.0528	0.1207	0.4364
D_{32}	%	75.00	60.00	70.00	80.00	0.4995	0.4995	0.0010	0.0528	0.1207	0.4364
D_{33}	%	52.00	40.00	45.00	50.00	0.9980	0.0010	0.0010	0.0093	0.6749	0.1091
D_{34}	%	63.28	55.00	65.00	75.00	0.0010	0.8277	0.1713	0.2950	0.0234	0.0083
D_{35}	万元	1024.83	1000.00	1500.00	2000.00	0.0010	0.0492	0.9498	0.4180	0.5438	0.0302
D_{36}	%	9.62	5.00	10.00	15.00	0.0010	0.9233	0.0757	0.3855	0.1157	0.0986
D_{37}	a	9.41	8.00	13.00	18.00	0.7177	0.2813	0.0010	0.0072	0.1048	0.4291
D_{38}	%	5.19	2.00	4.50	7.00	0.2773	0.7217	0.0010	0.0116	0.0654	0.4291
D_{39}	—	1.09	1.00	2.00	3.00	0.0010	0.0907	0.9083	0.1777	0.1702	0.0131

指标编号	单位	状态值	分级界定值			隶属度			变权后权值		
			u_1	u_2	u_3	可行	基本可行	不可行	可行	基本可行	不可行
D_{40}	%	24.55	40.00	50.00	60.00	0.0010	0.0010	0.9980	0.9826	0.9660	0.0595
D_{41}	a	9.01	8.00	13.00	18.00	0.7980	0.2010	0.0010	0.0174	0.0340	0.9405
D_{42}	mg/m³	15.42	0.00	275.00	550.00	0.9434	0.0556	0.0010	0.0494	0.4103	0.3145
D_{43}	kg/h	0.37	0.00	2.60	3.50	0.8577	0.1413	0.0010	0.0518	0.2573	0.3145
D_{44}	mg/m³	41.61	0.00	120.00	240.00	0.6528	0.3462	0.0010	0.0327	0.0905	0.1731
D_{45}	kg/h	0.99	0.00	0.77	1.20	0.0010	0.4773	0.5217	0.8347	0.0771	0.0076
D_{46}	mg/m³	12.49	0.00	60.00	120.00	0.7913	0.2077	0.0010	0.0163	0.0643	0.0952
D_{47}	kg/h	0.30	0.00	3.50	5.00	0.9142	0.0848	0.0010	0.0152	0.1006	0.0952
D_{48}	—	7.00	6.00	7.00	9.00	0.9980	0.0010	0.0010	0.0831	0.0831	0.0831
D_{49}	mg/L	20.00	70.00	110.00	150.00	0.9980	0.0010	0.0010	0.0777	0.0777	0.0777
D_{50}	mg/L	5.00	20.00	25.00	30.00	0.9980	0.0010	0.0010	0.0831	0.0831	0.0831
D_{51}	mg/L	50.00	60.00	90.00	120.00	0.9980	0.0010	0.0010	0.1903	0.1903	0.1903
D_{52}	mg/L	4.00	5.00	7.50	10.00	0.9980	0.0010	0.0010	0.2331	0.2331	0.2331
D_{53}	%	100.00	85.00	90.00	95.00	0.9980	0.0010	0.0010	0.3326	0.3326	0.3326
D_{54}	%	72.00	70.00	75.00	80.00	0.0010	0.3995	0.5995	0.7683	0.0100	0.0050
D_{55}	分	85.00	70.00	80.00	90.00	0.4995	0.4995	0.0010	0.1156	0.0302	0.4112
D_{56}	%	100.00	85.00	90.00	95.00	0.9980	0.0010	0.0010	0.0459	0.3794	0.2308
D_{57}	%	100.00	85.00	90.00	95.00	0.9980	0.0010	0.0010	0.0459	0.3794	0.2308
D_{58}	%	100.00	80.00	85.00	90.00	0.9980	0.0010	0.0010	0.0243	0.2009	0.1222
D_{59}	dB（A）	60.00	55.00	62.50	70.00	0.3328	0.6662	0.0010	1.0000	1.0000	1.0000
D_{60}	分	95.00	70.00	85.00	100.00	0.6662	0.3328	0.0010	1.0000	1.0000	1.0000
D_{61}	mm/m	0.16	2.00	3.00	4.00	0.9980	0.0010	0.0010	0.5396	0.5396	0.5396
D_{62}	10^{-3}/m	0.01	0.20	0.30	0.40	0.9980	0.0010	0.0010	0.2970	0.2970	0.2970
D_{63}	mm/m	0.22	3.00	4.50	6.00	0.9980	0.0010	0.0010	0.1634	0.1634	0.1634
D_{64}	分	85.00	70.00	80.00	90.00	0.4995	0.4995	0.0010	0.0368	0.0141	0.2198
D_{65}	分	95.00	70.00	80.00	90.00	0.9980	0.0010	0.0010	0.0173	0.2105	0.1466
D_{66}	分	95.00	70.00	80.00	90.00	0.9980	0.0010	0.0010	0.0144	0.1754	0.1222
D_{67}	分	75.00	70.00	80.00	90.00	0.0010	0.4995	0.4995	0.4566	0.0078	0.0055

指标编号	单位	状态值	分级界定值			隶属度			变权后权值		
			u_1	u_2	u_3	可行	基本可行	不可行	可行	基本可行	不可行
D_{68}	分	90.00	70.00	80.00	90.00	0.9980	0.0010	0.0010	0.0144	0.1754	0.1222
D_{69}	分	75.00	70.00	80.00	90.00	0.0010	0.4995	0.4995	0.4109	0.0071	0.0049
D_{70}	分	90.00	70.00	80.00	90.00	0.9980	0.0010	0.0010	0.0116	0.1403	0.0978
D_{71}	分	85.00	70.00	80.00	90.00	0.4995	0.4995	0.0010	0.0163	0.0063	0.0977
D_{72}	分	95.00	70.00	80.00	90.00	0.9980	0.0010	0.0010	0.0087	0.1052	0.0733
D_{73}	分	90.00	70.00	80.00	90.00	0.9980	0.0010	0.0010	0.0072	0.0877	0.0611
D_{74}	分	90.00	70.00	80.00	90.00	0.9980	0.0010	0.0010	0.0058	0.0702	0.0489
D_{75}	分	0.75	0.60	0.80	0.90	0.0010	0.7495	0.2495	0.5981	0.0205	0.0159
D_{76}	分	0.85	0.60	0.80	0.90	0.4995	0.4995	0.0010	0.0267	0.0252	0.2514
D_{77}	分	0.85	0.60	0.80	0.90	0.4995	0.4995	0.0010	0.0139	0.0131	0.1306
D_{78}	分	0.65	0.60	0.80	0.90	0.0010	0.2495	0.7495	0.1868	0.0111	0.0029
D_{79}	分	0.90	0.60	0.80	0.90	0.9980	0.0010	0.0010	0.0092	0.2745	0.1227
D_{80}	分	0.85	0.60	0.80	0.90	0.4995	0.4995	0.0010	0.0134	0.0126	0.1259
D_{81}	分	0.85	0.60	0.80	0.90	0.4995	0.4995	0.0010	0.0043	0.0040	0.0403
D_{82}	分	0.90	0.60	0.80	0.90	0.9980	0.0010	0.0010	0.0023	0.0683	0.0305
D_{83}	分	0.70	0.60	0.80	0.90	0.0010	0.4995	0.4995	0.1236	0.0052	0.0023
D_{84}	分	0.85	0.60	0.80	0.90	0.4995	0.4995	0.0010	0.0028	0.0026	0.0261
D_{85}	分	0.90	0.60	0.80	0.90	0.9980	0.0010	0.0010	0.0189	0.5628	0.2515
D_{86}	t/万元（以标煤计）	7.21	7.00	8.70	10.40	0.8736	0.1254	0.0010	0.0116	0.1173	0.5998
D_{87}	t/（MW·h）（以标煤计）	0.47	0.35	0.44	0.52	0.0010	0.5885	0.4105	0.6391	0.1007	0.0551
D_{88}	m^3/（MW·h）	1.45	1.50	1.75	2.00	0.9980	0.0010	0.0010	0.0058	0.7062	0.3224
D_{89}	%	26.14	25.50	27.63	29.75	0.0010	0.3000	0.6990	0.3434	0.0758	0.0227

4.4.3 隶属度及其变权计算

将评价项目各指标的状态值代入表 4-2 的指标隶属函数，即可获得其不同评价等级的隶属度。值得注意的是，由于采用线性隶属函数，会出现每个指标的三个隶属度中至少有一个为零的情况，这会使得其变权后的权值为无穷大，从而导致无法计算。为避免上述现象发生，常用的处理方法是取一足够小的量 δ 替代零，并在其他非零隶属度中相应地扣除增加的量，以确保每个指标的各隶属度之和为 1，引入 δ 对评价结果影响极小[213]。δ 的计算公式为：

$$\delta = \frac{1}{1000 + n} \tag{4-17}$$

式中，n 为某个评价指标隶属度为零的个数。

根据上述方法，可确定各指标对应不同评价等级的隶属度 r_{ij}，见表 4-7。再根据变权综合原理，将各指标的初始权值 $w_i^{(0)}$ 和隶属度 r_{ij} 代入式（4-16）即可获得各指标不同评价等级隶属度对应的新权重 w_{ij}，见表 4-7。

4.4.4 评价结果

将新权重 w_{ij} 构成的权重矩阵 $\boldsymbol{W}$ 与判断矩阵 $\boldsymbol{R}$ 相乘，取其对角线上的值 $b^* = \{b_{11}, b_{22}, \cdots, b_{nn}\}$，归一化后即为相应层次的评价结果。本节采用常权-模糊层次和变权-模糊层次两种模型分别对山脚树矿地下气化项目的可行性进行了综合评价，结果详见表 4-8。

表 4-8　盘江 UCG 试验的可行性综合评价结果

层次编号	评价项目	常权评价			变权评价		
		可行	基本可行	不可行	可行	基本可行	不可行
A	综合评价结果	0.3824	0.3604	0.2572	0.3044	0.5748	0.1208
B_1	资源条件	0.4689	0.3291	0.2020	0.3346	0.4581	0.2074
C_1	地质构造	0.9980	0.0010	0.0010	0.9980	0.0010	0.0010
C_2	水文地质	0.7764	0.1285	0.0950	0.8736	0.0674	0.0590
C_3	煤层赋存条件	0.2902	0.5032	0.2066	0.1957	0.6012	0.2031
C_4	煤质特性	0.5038	0.1939	0.3023	0.4873	0.2335	0.2793
C_5	气化储量	0.0010	0.6864	0.3126	0.0010	0.6864	0.3126
C_6	开采技术条件	0.0010	0.6890	0.3100	0.0014	0.9410	0.0576
C_7	建厂条件	0.7633	0.2358	0.0010	0.9501	0.0486	0.0013
B_2	技术方案	0.3956	0.4473	0.1570	0.3056	0.6455	0.0489

层次编号	评价项目	常权评价			变权评价		
		可行	基本可行	不可行	可行	基本可行	不可行
C_8	方案与规模	0.3333	0.3333	0.3333	0.4177	0.4177	0.1647
C_9	工艺技术	0.4164	0.4853	0.0983	0.2611	0.7086	0.0302
B_3	经济效益	0.1829	0.3083	0.5087	0.0816	0.5279	0.3905
C_{10}	盈利能力	0.1410	0.4287	0.4303	0.0329	0.7949	0.1722
C_{11}	清偿能力	0.2667	0.0677	0.6657	0.1789	0.0941	0.7270
B_4	环境影响	0.7758	0.2059	0.0183	0.9559	0.0412	0.0029
C_{12}	大气环境影响	0.7224	0.1993	0.0783	0.4759	0.5073	0.0168
C_{13}	地表水环境影响	0.9980	0.0010	0.0010	0.9980	0.0010	0.0010
C_{14}	固体废弃物环境影响	0.7054	0.2281	0.0665	0.8788	0.1011	0.0201
C_{15}	噪声环境影响	0.3328	0.6662	0.0010	0.3328	0.6662	0.0010
C_{16}	地下水环境影响	0.6662	0.3328	0.0010	0.6662	0.3328	0.0010
C_{17}	地表沉陷	0.9980	0.0010	0.0010	0.9980	0.0010	0.0010
B_5	安全保障	0.6219	0.2779	0.1002	0.7304	0.2137	0.0559
C_{18}	气化矿井安全	0.6790	0.2253	0.0957	0.8116	0.1414	0.0470
C_{19}	化产区安全	0.5078	0.3831	0.1091	0.5132	0.4182	0.0685
B_6	能耗水平	0.3212	0.3459	0.3330	0.1102	0.6337	0.2561
C_{20}	能耗水平	0.3212	0.3459	0.3330	0.1102	0.6337	0.2561

根据表 4-8，对比分析发现，常权法评价结果显示该项目为可行，但由于未考虑部分极值指标的影响，其评价结果离散性不强，尤其是可行与基本可行的隶属度差异不大，降低了评价结果的可信度。而变权评价则可通过权重变化较好地反映各等级的指标状态，能免了部分极值指标的影响因权重太小而被"淹没"，使评价结果具有较强的离散性，该项目的变权评价结果为基本可行，其隶属度远大于其他两者，可信度相对更高。

通过综合评价，还可反映该项目具有如下特点：

（1）资源条件一般。气化区的地质构造、水文地质简单，煤质地下气化特性较好，并具备良好的建厂条件，但 4 号煤层较薄（1.5m），且储量不大，开采技术条件也不理想。

（2）技术方案一般。煤炭地下气化发电方案技术成熟、系统可靠，但该项目为试验项目，主要目的在于验证地下气化的产气效果，建设规模较小，为减少投资，其工艺技术和装备选择以简单、实用为原则，故整体工艺水平一般。

（3）经济效益一般。该项目以验证地下气化的产气效果为主，建设规模小，相对于化工项目，燃气发电方案的经济效益较差，各项经济指标的表现较为一般。

（4）环境影响较小。预测结果表明，该项目的建设和运行期间对当地大气、地表水和地下水环境影响较小，固体废弃物均得到妥善处置，高噪声源也经降噪处理，此外，由于采用条带开采，预测煤层开采后其地表变形将远低于相关规定（Ⅱ级建筑物损坏等级）。

（5）安全保障较好。地下气化安全包括井下和地面两方面，盘江 UCG 试验项目建设依托在产大型煤矿（年生产能力 300 万吨），矿井生产过程严格按照煤矿安全质量标准化进行管理，地面化产区按照化工厂进行管理，制定了完善的管理机制，此外，矿区有一支专职救护中队长期在该矿驻勤，且附近还设有消防队，能为该项目的井下和地面安全生产提供有力保障。

（6）能耗水平一般。能耗指标与项目产品方案有关，该项目地下气化所产煤气用于燃气发电，与同行业对比，该项目单位产值综合能耗和单位产品水耗较低，但在单位产品综合能耗与能量转化效率方面的表现较为一般。

综上所述，盘江 UCG 试验在资源条件、技术方案、经济效益和能耗水平等 4 个方面的评价结果为基本可行，仅环境影响和安全保障的评价结果为可行。因此，该项目的综合评价结果为基本可行。

5　不同注气工艺的地下气化特性

注气工艺对地下气化工程的稳定性、安全性和经济性影响重大，是地下气化的关键技术之一。部分学者采用数学建模、实验室试验和现场实测等方法，揭示了地下气化过程的一些规律特性，提出了通过气化炉结构和供风工艺的改变来实现地下气化过程的稳定性控制[141]，但关于气化剂成分和注气方法变化对地下气化过程的稳定性影响研究主要是基于地表模拟试验进行的[175,214]。众所周知，受水文地质、地质构造和煤质等资源条件影响，地下气化实验室模型试验结果往往会与实际的存在较大差异，故有必要结合现场试验实测数据研究注气工艺对产气效果的影响，为今后地下气化工程建设提供科学指导。为此，本章介绍了重庆中梁山北矿和甘肃华亭原安口煤矿残留煤地下气化工业性试验（以下分别简称"中梁山 UCG 试验"和"华亭 UCG 试验"）的资源条件和生产系统，阐述了不同注气工艺的工艺参数和试验过程，并对试验结果进行了对比分析，得出了不同注气工艺条件下的地下气化特性，为地下气化过程稳定控制奠定理论和技术基础。

5.1　试验条件与方法

5.1.1　资源条件

5.1.1.1　煤层赋存条件

中梁山 UCG 试验的气化煤层为 K_3 和 K_4，华亭 UCG 试验的气化煤层为煤一和煤二，煤层赋存条件分述如下。

A　中梁山 UCG 试验

项目建设地点位于重庆中梁山煤电气有限公司北矿，地下气化试验区位于 +150m 水平，共包括 6 层煤层，自上而下分别为 K_1 ~ K_5 和 K_7 层。煤层朝西北方向倾角约为 65° ~ 70°，气化煤层上方有两个较大的断层（F_0 和 F_{10}）。K_1 和 K_2 煤层位于 +150m 水平上部的资源已被开采，并在 F_0 断层下方附近形成了两个采空区，故选择 K_3 和 K_4 作为气化煤层，其厚度分别为 1.15m 和 1.45m，两层煤平均间距 2.19m，可联合气化开采。K_3 煤层顶板为深灰色泥岩，底板为灰色黏土岩。K_4 煤层顶板为灰色粉砂岩或细粒砂岩，局部为泥岩，底板为灰色黏土岩。K_1 和 K_2 煤层采空区无积水，且所有煤层都不与含水层有水力联系。据 1997~2002 年矿井瓦斯鉴定资料，该矿的瓦斯相对涌出量高达 78.65~149.17m³/(t·d)，为高瓦斯矿井。

B 华亭 UCG 试验

项目建设地点位于甘肃华亭煤业集团原安口煤矿，用于回收工业广场煤柱，地下气化试验区地质结构简单，煤层埋深为 40~400m，位于+1140m 水平，区域内含煤 8 层，自上而下分别为煤五、煤四（含 4 分层）、煤三、煤二和煤一。气化区域内，煤四局部已被开采，完整性较差，而煤三和煤五（平均厚度为 0.5m）较薄，故选择煤一和煤二进行气化试验。煤一和煤二平均倾角 28°，平均厚度分别为 7.0m 和 3.6m，两层煤中间夹有 1 层 0.5m 的泥岩，可联合气化开采。煤二的顶板主要为细砂岩、砂质泥岩，煤一的底板为中细砂岩。煤一、煤二均与含水层无直接联系。

5.1.1.2 煤质

中梁山 K_3 和 K_4 煤层的煤质为低水分、中灰分、中高硫分、强黏结性和低活性的焦煤，华亭煤 1 和煤 2 的煤质为低灰、低硫、高活性、高挥发性的不黏煤，中梁山和华亭气化原煤的煤质分析详见表 5-1。

表 5-1 中梁山和华亭气化原煤的煤质分析

地点	工业分析/%				元素分析/%				全硫/%	高位热值/MJ·kg⁻¹	
	M_{ad}	A_{ad}	V_{ad}	FC_{ad}	C_{ad}	H_{ad}	O_{ad}	N_{ad}	$S_{t,ad}$	$Q_{net,d}$	$Q_{gr,d}$
中梁山	1.06	18.15	16.01	64.78	71.96	3.85	1.38	1.06	2.55	24.48	27.84
华亭	8.79	6.23	26.27	58.71	66.71	3.69	13.48	0.66	0.44	24.78	25.84

注：表中数据均为气化煤层的平均值。

5.1.2 试验系统

5.1.2.1 中梁山 UCG 试验生产系统

中梁山 UCG 试验工程以高瓦斯难采煤层资源为原料，采用有井式地下气化技术，以空气、氧气、蒸汽和 CO_2 的混合气体作为气化剂，通过管路注入气化工作面，与原煤反应产生粗煤气，粗煤气由管路经过巷道输送至地面，到达净化系统，经降温并除去煤气中的粉尘、水分、焦油及硫化物等杂质，精煤气进入储气柜，供用户使用。受地面建厂条件限制，该项目的大部分装置被布置于井下硐室，在保证安全生产的前提下，采用该方案可实现气化剂的近距离输送，煤气就地冷却和初步净化，减小了管路输送压力和高硫煤气对管路的腐蚀。根据总工艺流程，可将试验工程划分为井下生产系统、气化剂制备与注排气系统、粗煤气净化系统、测控系统、公用工程与辅助生产系统等 5 个生产系统。中梁山 UCG 试验项目的工艺流程和生产系统构成如图 5-1 所示。

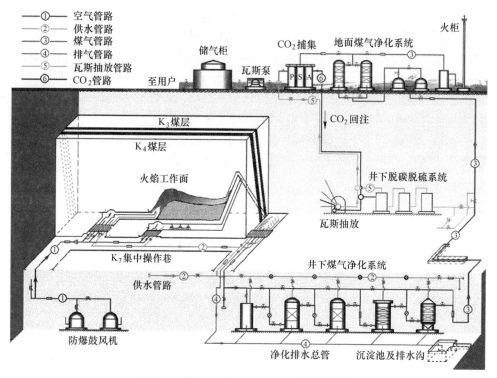

图 5-1　中梁山 UCG 试验生产系统示意图

A　井下生产系统

地下气化井下生产系统包括采煤、掘进、机电、运输、通风、排水等六大系统，除了采煤变为火力采煤外，其他五大系统与常规采煤方法基本一致。井下生产系统是地下气化项目的核心部分，这里着重介绍一下气化炉结构。

此次试验气化工作面位于 +150 水平北东一石门至三石门之间，气化区域位于北东一石门至一石门以北 130m 区域内，走向长 130m。先在 K_7 煤层中布置集中巷，并与 $150NEC_1$、C_3 石门贯通，在 K_7 集中巷中距离 C_1 石门以北 105m、75m 处分别开口掘进 K_3、K_4 幺硐揭露 K_3、K_4 煤层；之后分别沿各自煤层走向掘进 K_3、K_4 注气巷，长度分别为 65m 和 30m；再由 K_3、K_4 注气巷终端分别沿各自煤层倾向掘进 K_3、K_4 斜坡，作为气化通道（开切眼）；然后从 C_1 石门沿 K_3 煤层向北开斜坡，依次贯通 K_3、K_4 斜坡上口，作为集气通道。最后，对气化炉周围的所有通道构筑密闭实施封堵。在 $150NEC_1$ 布设煤气降温冷却装置。此次气化工程选址具体为北井+150mNC$_1$~+150mNC$_3$石门K$_3$、K$_4$煤层，煤层倾斜长为+150水平至以上15~23m。K$_3$和K$_4$煤层倾角为65°~70°，K$_3$煤层平均厚度为1.15m，倾斜长23m，面积为2300m^2，设计储量为3756t；K$_4$煤层平均厚度为1.45m，倾斜长21m，面积为2100m^2，设计储量为4324t。K$_3$和K$_4$炉设计气化储量共计8080t，根据项目的服务年限可计算得双炉的年设计产量为3.23万吨。中梁山UCG试验炉型结构如图5-2所示。

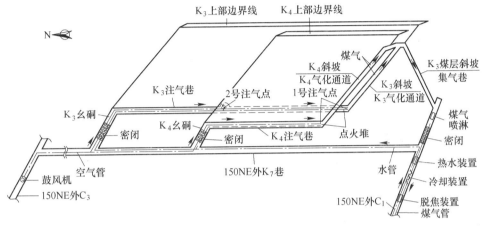

图 5-2 中梁山 UCG 试验气化炉结构

B 气化剂制备系统

该项目气化剂为空气、氧气、蒸汽和CO$_2$，其中空气由L53WC（D）鼓风机提供，$Q=37.6\text{m}^3/\text{min}$，$p=58.8\text{kPa}$（6000mm H$_2$O），配套55kW防爆电机；蒸汽由高位水头压注雾化水系统提供，供水能力为300~600kg/h；富氧及CO$_2$由瓶装压注系统提供，流量为300m^3/h。气化剂由管路经K$_7$集中巷→K$_3$（K$_4$）幺硐→密闭→K$_3$（K$_4$）注气巷到达气化通道下端，实现对气化炉内注气化剂，气化剂与原煤反应产生煤气，高温煤气经集气巷到达集气石门C$_1$，气化炉粗煤气经冷却后，由ϕ400mm管道输送至地面，经瓦斯泵抽排至浓缩净化系统。在瓦斯泵前方布置有负压表、流量计和煤气取样阀座等。

C 粗煤气净化系统

该项目大部分净化装置布置于井下硐室。高温煤气经集气巷到达集气石门C$_1$，在集气石门设置密闭和喷淋装置，将煤气一次降温，又经排气总喷淋二次降温，然后经水封、降温罐、除焦罐、捕滴罐和过滤罐等装置进行降温、脱焦和除尘，之后经排气管网由地面引风机输送至地面，再经脱硫装置除去其中大部分的硫化物，获得洁净煤气。

D　测控系统

该项目测控系统主要由煤气成分色谱仪、煤气流量、压力、温度显示台及微机数据处理分析系统以及火焰锋面监测系统组成。气化炉内共布置 4 个 NiCr-NiSi 铠装热电偶，温度测点布置于气化煤层下方通道内，K_3、K_4 煤层各布置 2 个，信号经 WT401-J-8 温度采集模块后由 CAN2.0 数据总线进入地面计算机系统；在注排气管布设标准孔板流量计，雾化水管布设标准涡轮流量计测量流量；在注排气管布设压力表测量压力；采用 AH-48CHA 型多通道微地震监测系统实时监测气化空间移动及变化状况；此外，在井下有关巷道布设新型防爆 CO、CH_4 智能传感器，24h 监控和现场采集炉体周围的有害气体含量，并能就地显示报警。

E　公用工程与辅助生产系统

该项目公用工程与辅助生产系统主要包括给排水、污水处理、土建、消防、避雷、电信和火炬等，井下煤气净化系统的污水先排至巷道设置的沉淀池，再经过排水沟排至地表进行统一处理。

5.1.2.2　华亭 UCG 试验生产系统

华亭 UCG 试验工程以矿井残留煤资源（工业广场保护煤柱）为原料，采用有井式地下气化技术，以空气、氧气和蒸汽的混合气体作为气化剂，地面制备气化剂通过注气钻孔注入气化工作面，与原煤反应产生粗煤气，粗煤气由管路经过排气钻孔输送至地面，到达净化系统，经降温并除去煤气中的粉尘、水分、焦油及硫化物等杂质，精煤气进入燃气发电系统发电。根据总工艺流程，将试验工程划分为地下气化井下生产系统、气化剂制备系统、地下气化辅助生产系统、粗煤气净化系统、燃气发电系统、公用工程与辅助生产系统等 6 个生产系统。华亭 UCG 试验项目的工艺流程和生产系统构成如图 5-3 所示。

A　地下气化井下生产系统

试验区域为原安口煤矿工业广场煤柱，区内地质构造应简单，储量可靠。该项目在原有矿井设施基础上，采用人工掘进巷道的形式构筑地下气化炉，以达到减少项目投资、缩短建设周期和控制地质构造等目的。气化工作面沿煤层走向布置，倾斜推进，工作面标高为 +1147～+1178m，工作面长度为 22m，推进长度为 62m，煤一和煤二的平均厚度分别为 7.0m 和 3.6m，气化炉的设计储量为 14721t。井下生产系统（气化工作面）通过注、排气钻孔与地面生产系统连接。注气钻孔孔深 145m，表土段长 18m，孔径为 560mm，基岩段为 127m，孔径为 450mm。注气钻孔内安装两层注气套管，内管规格 $D273mm \times 7mm$，用于注蒸汽，套管规格为 $D377mm \times 8mm$，内外管环空间用于注氧气或空气。排气钻孔孔深 113m，表土段长 15m，孔径为 660mm，基岩段为 98m，孔径为 450mm，套管规格为 $D377mm \times 8mm$，用于排放煤气。气化炉结构如图 5-4 所示。

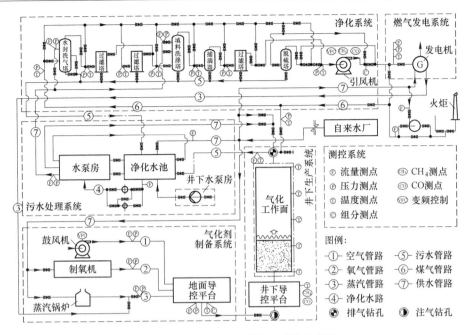

图 5-3 华亭 UCG 试验生产系统示意图

图 5-4 华亭 UCG 试验气化炉结构

B　气化剂制备系统

该项目气化剂为空气、氧气和蒸汽的混合气体，空气通过 2 台罗茨鼓风机注入，氧气由深冷空分制氧系统制取，蒸汽则由蒸汽锅炉房提供。气化剂按照一定比例混合经管道和注气钻孔注入地下气化炉，气化产生的煤气再通过排气钻孔排出。为增加煤气压力，项目还配备 2 台罗茨引风机。华亭 UCG 试验的气化剂制备、煤气增压设备型号及其技术参数详见表 5-2。

表 5-2　华亭 UCG 试验主要生产设备及其技术参数

设备名称	设备型号	技　术　参　数
罗茨鼓风机 I（B I）	L53LD	流量 35.4m³/min，升压 58.8kPa，配套电机型号 YVP250M-4，功率 55kW
罗茨鼓风机 II（B II）	L62LD	流量 56.4m³/min，升压 58.8kPa，配套电机型号 YVP280M-4，功率 90kW
深冷空分制氧系统（Og）	KDON-800/1000	额定制氧量（800±5%）m³/h，氧浓度 99.6%（最大制氧量 1020m³/h，氧浓度 82.6%），输出压力 20~80kPa，功率 500kW
蒸汽锅炉	—	燃煤型，200℃饱和蒸汽，最大流量 1600m³/h，功率 20kW
煤气罗茨引风机 I	L63LD	流量 46.4m³/min，升压 -39.2kPa，配套电机型号 YBP280M-6，功率 55kW
煤气罗茨引风机 II	L63LD	流量 75.8m³/min，升压 -39.2kPa，配套电机型号 YBP280S-4，功率 75kW
燃气发电机组	500GF1-PwM	发电机：额定功率，500kW。发动机：燃气热耗率，11MJ/kW·h；标定转速，1500r/min
余热回收装置	NZ500/50-00	0.8MPa 饱和蒸汽 0.4t/h

C　粗煤气净化系统

针对燃气发电机组的要求，设计了地下气化粗煤气净化系统。具体流程如下：地下气化粗煤气从排气钻孔排出，经煤气引风机加压后，依次通过水封洗气塔、焦炭过滤塔、填料洗涤塔、捕滴器、焦炭过滤塔和脱硫塔，达到降温、脱焦、除尘、干燥和脱硫的作用。净化后煤气进入燃气发电机机组发电，剩余煤气去火炬燃烧。各净化装置均设置旁路，装置检修或更换化学试剂时，煤气可去火炬焚烧。粗煤气净化工艺流程如图 5-3 所示。

D　燃气发电系统

该项目所产煤气用于燃气发电，装备有 2 套燃气发电机组，总额定功率为 1000kW。发电机组排气温度可达 550℃左右，为提高系统的热效率，每台机组配备一套余热回收装置，产生的蒸汽可用于补给地下气化蒸汽气化剂或厂区供热。发电机组和余热利用装置的型号及其主要技术参数详见表 5-2。

E　测控系统

该项目测控系统由工程测控系统、工程调度指挥系统、气体分析化验系统、燃空区监测系统等 4 部分组成。测控系统在井上下设置有 5 个分站共计 54 个测点，用于实时监测炉内温度和工作面位态，以及地面注气管路、排气管路、净化区、发电区和放散区管路的流量、组分、温度和压力等参数，数据输送至地面测控室进行集中处理和分析，以实时掌握厂区的运行状况，便于及时采取应对措施。具体测点布置如图 5-3 所示。

F　公用工程与辅助生产系统

为了观测气化区域覆岩的移动变形情况，设计了地下气化岩移观测系统，由地表移动观测站和地表浅基点岩移观测钻孔组成。

地表移动观测站布共设了一条倾向观测线和一条走向观测线，倾向观测线布设于条带走向平分线的正上方，方位角为 55°0′0″，长度为 410m；走向观测线布设于条带倾斜中心偏下山方向 6m 位置，方位角为 156°36′0″，长度为 280m。每条观测线两端都布置 2 个控制点，观测点基本间距为 10m，控制点与最外侧观测点之间、控制点与控制点之间间距为 50m。地表移动观测站测点布置如图 5-5 所示。

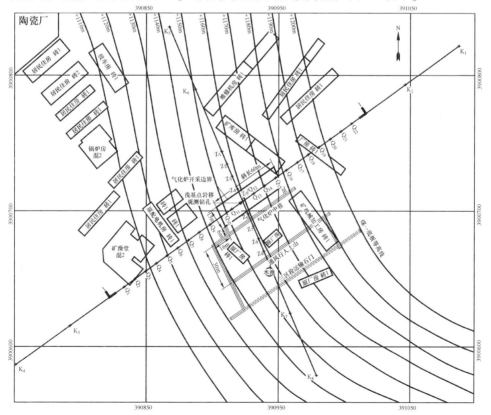

图 5-5　华亭 UCG 试验地表移动观测站测点布置[99]

地表浅基点岩移观测钻孔布置于地表移动观测站两条观测线的相交处（Z_5/Q_{12}），用于观测气化炉上覆岩层移动规律和离层区位置。为避免观测钻孔沟通燃空区裂隙带而发生气化炉泄压或漏气事故，将钻孔孔底设计在弯曲下沉带中，且与裂隙带顶部保持20m的安全距离。华亭 UCG 试验岩移观测钻孔孔径为108mm，设计深度为19m，孔底位于基岩以下 8.4m 的黏土、泥岩及砂岩互层段。孔内安装 CJG-7086 型 PVC 沉降管，并在钻孔内壁每隔2m 布置 1 个 CJH-7080 型沉降磁环（定位环），共计9个，磁环可随岩层一起移动，观测钻孔结构及磁环布置如图 5-6 所示。钻孔观测一般在气化工作面运行至中后期时开始，每月定期一次即可。测量时，将头部安装磁场感应器的 CJY-7080 型钢尺沉降仪伸入沉降管中，当遇到固定在钻孔内壁上的沉降磁环时，沉降仪会发出蜂鸣声，此时的测线钢尺度即为磁环位置，每次测量数据包括进程刻度和回程刻度，取两者平均值作为每次观测的磁环所在位置。该沉降仪最小度数为1mm，重复性误差为±2.0mm。

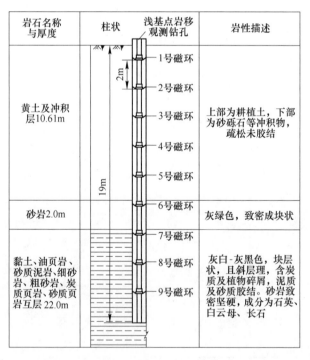

图 5-6 华亭 UCG 试验地表浅基点岩移观测钻孔磁环布置[99]

此外，为保证项目正常运行，设计并建设了公用工程和辅助生产设施，主要包括厂区给排水、供配电、供热、土建、消防、避雷、电信和火炬等系统。

5.1.3 试验方法与操作参数

5.1.3.1 中梁山 UCG 试验方法与工艺参数

中梁山 UCG 试验于 2005 年 6 月 19 日点火成功，并于 2005 年 9 月 25 日结束，连续运行 3 个月。项目运行期间，进行了空气连续、空气-蒸汽（雾化水）连续、空气-蒸汽（雾化水）两阶段和纯氧+CO_2 连续等气化工艺试验，并在不同气化工艺基础上开展了单炉交替和双炉联合运行试验。整个试验过程由 UCG-PMS200 计算机系统进行在线控制，包括各设计点的温度、压力和元件的数据采集和记录。中梁山 UCG 试验方法与工艺参数详见表 5-3。

表 5-3　中梁山 UCG 试验方法与工艺参数[215]

气化工艺	操作项目	操作参数
双炉联合运行 空气连续气化 （A-D）	空气流量/$m^3 \cdot h^{-1}$	600+600
	鼓风机压力/kPa	16
	引风机频率/Hz	32
单炉交替运行 空气连续气化 （A-S）	空气流量/$m^3 \cdot h^{-1}$	1200↔150
	鼓风机压力/kPa	14
	引风机频率/Hz	30
	气化炉切换时间/h	4
双炉联合运行 空气-蒸汽连续气化 （AS-D）	空气流量/$m^3 \cdot h^{-1}$	400+400
	雾化水流量/$kg \cdot h^{-1}$	700+700
	鼓风机压力/kPa	10~12
	引风机频率/Hz	15~20
单炉交替运行 空气-蒸汽连续气化 （AS-S）	空气流量/$m^3 \cdot h^{-1}$	800↔150
	雾化水流量/$kg \cdot h^{-1}$	1000↔0
	鼓风机压力/kPa	12
	引风机频率/Hz	20
	气化炉切换时间/h	6~9
双炉联合运行 纯氧+CO_2连续气化 （OC-D）	O_2流量/$m^3 \cdot h^{-1}$	30+30
	CO_2流量/$m^3 \cdot h^{-1}$	100+100
	注气压力/kPa	18~25
	引风机频率/Hz	8

续表 5-3

气化工艺	操作项目	操作参数
空气-蒸汽两阶段气化 （AST）	（1）第一阶段（注空气）	
	空气流量/$m^3 \cdot h^{-1}$	1200
	鼓风机压力/kPa	18~20
	引风机频率/Hz	30~35
	（2）第二阶段（注蒸汽）	
	雾化水流量/$kg \cdot h^{-1}$	500~1000
	引风机频率/Hz	8~10
	水煤气生产时间/h	8~14
温度控制	空气温度/℃	28~31
	雾化水温度/℃	>100
	集气巷中煤气温度/℃	<200
	密闭外管道中煤气温度/℃	<100
	净化后管道中煤气温度/℃	<50
压力控制	集气巷压力/kPa	<10
	净化后管道压力/kPa	<-5
其他参数	操作巷中 CO 含量/%	<0.024
	净化煤气中 O_2 含量/%	<2

5.1.3.2 华亭 UCG 试验方法与工艺参数

华亭 UCG 试验起止时间为 2010 年 5 月至 2010 年 11 月，连续运行 6 个月。工程运行期间，现场进行了空气连续、空气-蒸汽连续、富氧连续、富氧-蒸汽连续、富氧-蒸汽两阶段等气化工艺试验和燃气发电试验。整个试验过程通过在线检测系统和便携式色谱仪等设施监测并记录气化剂和煤气的组分、流量、压力和温度等数据。华亭 UCG 试验方法与工艺参数详见表 5-4。

表 5-4　华亭 UCG 试验方法与工艺参数

气化工艺	操作项目	操作参数
空气连续气化 I （A I）	空气流量/$m^3 \cdot h^{-1}$	3100~4400(BI+BII)
	试验持续时间/h	36
空气连续气化 II （A II）	（1）步骤一	
	空气流量/$m^3 \cdot h^{-1}$	3300(BI+BII)
	（2）步骤二（自试验开始 18h 后）	
	空气流量/$m^3 \cdot h^{-1}$	4400(BI+BII)
	（3）步骤三（自试验开始 38h 后）	
	空气流量/$m^3 \cdot h^{-1}$	3300(BI+BII)
	试验持续时间/h	54

气化工艺	操作项目	操作参数
空气-蒸汽连续气化Ⅰ (ASⅠ)	空气流量/m³·h⁻¹	4000(BⅠ+BⅡ)
	蒸汽流量/m³·h⁻¹	136
	试验持续时间/h	135
空气-蒸汽连续气化Ⅱ (ASⅡ)	(1) 步骤一	
	空气流量/m³·h⁻¹	3700(BⅠ+BⅡ)
	蒸汽流量/m³·h⁻¹	356
	(2) 步骤二(自试验开始26h后)	
	空气流量/m³·h⁻¹	2740(BⅡ)
	蒸汽流量/m³·h⁻¹	164
	试验持续时间/h	50
32%富氧连续气化 (32%O)	空气流量/m³·h⁻¹	4400~4600(BⅠ+BⅡ)
	氧气流量/m³·h⁻¹	240~800
	氧气浓度(体积分数,下同)/%	25~33(平均32)
	试验持续时间/h	5
33%富氧连续气化 (33%O)	空气流量/m³·h⁻¹	4400~4600(BⅠ+BⅡ+Og)
	氧气流量/m³·h⁻¹	800
	氧气浓度/%	33
	试验持续时间/h	4
35%富氧连续气化 (35%O)	空气流量/m³·h⁻¹	3400~4100(BⅠ+BⅡ+Og)
	氧气流量/m³·h⁻¹	800
	氧气浓度/%	34~36(平均35)
	试验持续时间/h	4
36%富氧连续气化 (36%O)	空气流量/m³·h⁻¹	3400~3500(BⅠ+BⅡ)
	氧气流量/m³·h⁻¹	800
	氧气浓度/%	36
	试验持续时间/h	15
37%富氧连续气化 (37%O)	空气流量/m³·h⁻¹	2900~3000(BⅠ+BⅡ+Og)
	氧气流量/m³·h⁻¹	800
	氧气浓度/%	37
	试验持续时间/h	10.5
23%富氧-蒸汽连续气化 (23%OS)	空气流量/m³·h⁻¹	4000~4200(BⅠ+BⅡ)
	蒸汽流量/m³·h⁻¹	136
	氧气流量/m³·h⁻¹	82~199
	氧气浓度/%	22~25(平均23)
	试验持续时间/h	45

气化工艺	操作项目	操作参数
34%富氧-蒸汽连续气化 （34%OS）	空气流量/$m^3 \cdot h^{-1}$	2800~4100（BⅠ+BⅡ+Og）
	蒸汽流量/$m^3 \cdot h^{-1}$	132~1081
	氧气流量/$m^3 \cdot h^{-1}$	800
	氧气浓度/%	30~37（平均34）
	试验持续时间/h	94
39%富氧-蒸汽连续气化 （39%OS）	空气流量/$m^3 \cdot h^{-1}$	2300~3600（BⅠ+BⅡ+Og）
	蒸汽流量/$m^3 \cdot h^{-1}$	135~1486
	氧气流量/$m^3 \cdot h^{-1}$	800
	氧气浓度体/%	35~52（平均39）
	试验持续时间/h	42
纯氧-蒸汽连续气化 （100%OS）	蒸汽流量/$m^3 \cdot h^{-1}$	800（估计值）
	氧气流量/$m^3 \cdot h^{-1}$	800
	氧气浓度/%	100
	试验持续时间/h	1
48%富氧-48%富氧 蒸汽交替气化 （48%O-48%OS）	（1）步骤一	
	空气流量/$m^3 \cdot h^{-1}$	1494(BⅠ+Og)
	氧气流量/$m^3 \cdot h^{-1}$	800
	氧气浓度/%	28
	（2）步骤二（自试验开始17h后）	
	空气流量/$m^3 \cdot h^{-1}$	1494(BⅠ+Og)
	蒸汽流量/$m^3 \cdot h^{-1}$	120~1500
	氧气流量/$m^3 \cdot h^{-1}$	800
	氧气浓度/%	48
	（3）步骤三（自试验开始29h后）	
	操作参数与步骤一一致	
	试验持续时间/h	41
83%富氧-83%富氧蒸 汽交替气化 （83%O-83%OS）	（1）步骤一	
	空气流量/$m^3 \cdot h^{-1}$	220(Og)
	蒸汽流量/$m^3 \cdot h^{-1}$	0~1500
	氧气流量/$m^3 \cdot h^{-1}$	800
	氧气浓度/%	83
	（2）步骤二（自试验开始10h后）	
	空气流量/$m^3 \cdot h^{-1}$	220(Og)
	氧气流量/$m^3 \cdot h^{-1}$	800
	氧气浓度/%	83
	（3）步骤三（自试验开始20h后）	
	操作参数与步骤一一致	
	（4）步骤四（自试验开始34h后）	
	操作参数与步骤二一致	
	试验持续时间/h	50

气化工艺	操作项目	操作参数
富氧-蒸汽两阶段气化（OST）	（1）第一阶段	
	空气流量/m³·h⁻¹	470（估计值）
	氧气流量/m³·h⁻¹	570（估计值）
	氧气浓度/%	64（估计值）
	（2）第二阶段（自试验开始9.5h后）	
	蒸汽流量/m³·h⁻¹	1200（估计值）
	水煤气生产时间/h	3.5
	试验持续时间/h	13
其他参数	空气压力/kPa	21.2~58.8
	氧气压力/kPa	20~80
	蒸汽温度/℃	200

5.2 试验结果

根据中梁山和华亭 UCG 试验的气化剂构成，将气化工艺划分为空气连续气化、空气-蒸汽连续气化、富氧（蒸汽）连续气化和空气/富氧-蒸汽两阶段气化，本节对两个 UCG 试验的不同气化工艺的试验过程和结果进行了阐述。

5.2.1 点火阶段

在正式点火运行之前，应对气化炉进行冷态试验，包括气化炉静态泄压试验、动态漏失率测定、管路气密性检测等，当气化炉压力下降速率不大于 1kPa/min、气化炉动态漏失小于 3%且管路气密性满足要求，认为冷态试验成功。以中梁山地下气化炉静态泄压试验为例，通过鼓风使炉内压力达到 30kPa，然后停止鼓风，关闭所有进出气闸门，测得炉内压力随时间逐渐下降，24h 后气化炉内压力维持在 14kPa 左右，整个过程的气化炉压力下降速率平均为 0.01kPa/min，如图 5-7 所示，说明气化炉密闭性较好。

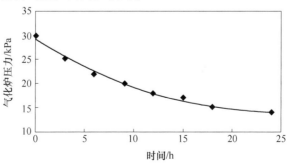

图 5-7 冷态试验过程中气化炉内压力随时间的变化

前期准备工作完毕后，即可进行点火操作。中梁山和华亭 UCG 试验均采用固定点火器渗流点火技术，即在气化炉点火平巷内预埋电阻丝式电点火器和引燃材料，通过地面控制点燃气化炉。

5.2.1.1　中梁山 UCG 试验点火阶段

中梁山 UCG 试验于 2005 年 6 月 19 日 01：50 下达了炉内点火命令，向炉内鼓入空气，流量为 1000m³/h，经过 10 个多小时后，在线监测显示，排气孔口气体成分有明显变化，炉内温度也明显上升，说明气化炉内点火成功；6 月 21 日 12：00，在线监测显示排气的可燃组分已满足点火条件，随即进行地面火炬点火，并一次点火成功，从井下电子点火至地面火炬点火成功共经历约 58h。中梁山 UCG 试验点火阶段的煤气组分、热值和流量的变化情况如图 5-8（a）所示。由图 5-8（a）可知，中梁山 UCG 试验井下点火 5h 之内，煤气中 O_2 含量下降为零，而 CH_4、CO、CO_2 和 H_2 的含量则呈上升趋势，并在 10h 后趋于平稳。此时已经具备地面点火条件，但为保险起见，地面点火时间被向后推延，以进一步观察煤气的稳定性。30h 后，随着炉温的升高，CO_2 的还原反应得以加强，CO 的体积浓度增加。在 5～10h 时间段内，煤气的 CH_4 含量、热值和流量出现峰值，这主要是由于地下气化初期工作面温度急剧上升使得煤层瓦斯涌出以及原煤挥发分热解。10h 后，煤气的 CH_4 含量虽然有所下降，但其总体仍保持着 4.80%～8.90% 的较高水平，说明地下气化不仅可以实现煤与瓦斯共采，而且瓦斯能显著提高地下气化煤气的热值和 CH_4 含量。

5.2.1.2　华亭 UCG 试验点火阶段

华亭 UCG 试验于 2010 年 5 月 4 日 12：58 进行了点火平巷内点火器通电点火，气化炉鼓风量为 2000m³/h，当日 17：20，气化炉内点火成功；5 月 5 日 10：25，在线检测显示排气的可燃气体组分满足点火条件，随即进行地面火炬点火，并一次点火成功，从井下电子点火至地面火炬点火成功共经历约 21.5h。华亭 UCG 试验点火阶段的煤气组分和热值的变化情况如图 5-8（b）所示。由图 5-8（b）可得，华亭 UCG 试验井下点火约 13h 后，煤气中 O_2 含量下降为零，而有效组分和热值迅速上升，并在 22h 时煤气热值（低位热值，下同）达到最高 6.19MJ/m³，之后又急剧下降，这主要是由于气化炉内点火初期，原煤中的挥发分受热分解后在短时间内产生大量干馏煤气（由 CH_4、C_mH_n、H_2 和 CO 构成），加之煤层中的瓦斯被释放，导致煤气热值快速升高，干馏煤气和瓦斯释放至一定程度后含量会有所下降，煤气热值也随之降低。25h 以后，煤气组分和热值趋于稳定。

综上所述，中梁山和华亭 UCG 试验在气化炉点火后，所产煤气的有效组分和

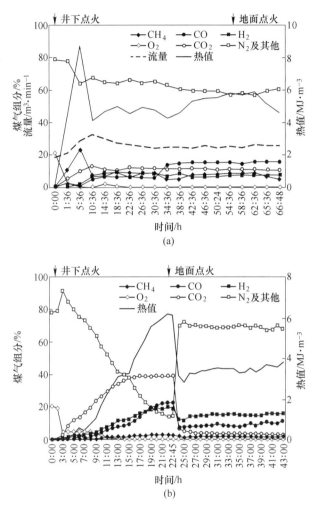

图 5-8　中梁山（a）和华亭（b）地下气化点火阶段的煤气组分、热值和流量变化

热值均经历了先上升后下降，再逐渐稳定的过程。井下点火后，炉温迅速上升，并在 24h 之内便产出相对稳定的煤气，从而确保两个试验项目在较短时间内实现了地面火炬的成功点火，说明固定点火器渗流点火技术的稳定性和可靠性较好。

5.2.2　空气连续气化试验

空气连续气化试验以空气为气化剂，通过对地下气化炉进行连续供风，产生空气煤气。与其他气化工艺相比，该方法工艺最简单、设备投资最小、生产成本低。但气化热效率低，空气煤气含 N_2 较高（大于 50%），热值较低，使用范围有限，一般用作工业燃气（锅炉燃气或者窑炉燃气）。需要指出的是，地下气化过程中，由于原煤水分和地下涌水受热蒸发可以为地下气化补充部分蒸汽，因此煤层中含有一定水分，能在一定程度上改善该工艺的煤气品质。中梁山和华亭 UCG 试验运行期间均开展了空气连续气化试验。

5.2.2.1　中梁山空气连续气化试验

中梁山 UCG 试验运行期内大部分时间以空气为气化剂来维持气化炉的生产，期间进行了双炉联合和单炉交替运行空气连续气化试验。

A　双炉联合运行空气连续气化试验（A-D）

A-D 试验过程中，操作参数维持不变，所产煤气的组分、热值和流量均十分稳定。煤气的有效组分中 CH_4 含量最高，达到 14.00% 左右，使其热值要高于一般空气煤气热值。试验过程中煤气组分、热值和流量的具体变化情况如图 5-9（a）所示。

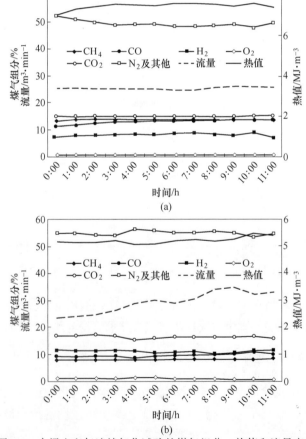

图 5-9　中梁山空气连续气化试验的煤气组分、热值和流量变化
（a）双炉联合运行；（b）单炉交替运行

B 单炉交替运行空气连续气化试验 (A-S)

A-S 试验过程中,煤气流量波动相对较大,但组分和热值较为稳定。由于该试验所产煤气的 CH_4 含量约为 A-D 试验的 1/2,但二者的 CO 和 H_2 含量相差不大,故 A-D 试验所产煤气的热值比 A-S 试验的高 40%以上。该试验过程中煤气组分、热值和流量的具体变化情况如图 5-9 (b) 所示。

由图 5-9 (a) 和 (b) 可知,双炉联合与单炉交替运行试验的煤气组分和热值波动较为平稳,单炉交替运行试验的产气量波动相对较大,这是由于运行过程中切换注气点后,气化炉内原有平衡状态会发生改变,待达到新平衡后才能恢复稳定产气,即每次切换注气点时,气化炉状态均会经历"平衡—破坏—再平衡"三个阶段,因此,所产煤气的组分和热值会随注气点切换而产生波动,影响产气稳定性。值得一提的是,两次试验所产煤气的 CH_4 含量达到了 7.70%以上,这是普通煤层地下气化两阶段水煤气所能达到的水平,产生这一现象的主要原因是高瓦斯煤层在气化过程中,其赋存的瓦斯被大量释放并进入煤气,而单炉交替运行试验所产煤气中的 CH_4 更低,主要是由于其产气量较大,使得煤层涌出的瓦斯量被稀释。

5.2.2.2 华亭空气连续气化试验

本节选取了华亭 UCG 试验运行期间两次持续时间较长的空气连续气化试验,以研究鼓风量变化对产气效果的影响。

A 空气连续气化试验 I (AI)

AI 试验过程中,I 号和 II 号鼓风机同时开启,但总鼓风量不稳定 (3114~4371m³/h),导致煤气的 CO、N_2 含量和热值随之发生波动,但总体幅度不大。试验过程中煤气组分、热值和流量的具体变化情况如图 5-10 中 AI 部分所示。

B 空气连续气化试验 II (AII)

AII 试验过程中,I 号和 II 号鼓风机也同时开启,但采用的是脉冲式注气工艺,即在一段时间内,保持其他操作参数不变,改变某一种气体注入速率,维持一段时间后再将其恢复至原有水平,以研究该气体对气化效果的影响。该试验采用两种空气注入速率分别为 3100m³/h 和 4400m³/h,每种空气注入速率维持时间约为 18h。试验过程中煤气组分、热值和流量的具体变化情况如图 5-10 中 AII 部分所示。在 AII 试验中,当空气注入速率增加时,煤气的 H_2、CO_2 和热值会出现短时间的下降,而 CO 和 N_2 及其他含量上升,但随着时间的推移又会逐渐恢复至原有水平;当空气注入速率减少时,则出现相反的情况。这是因为,短时间内注入空气量大幅增加会暂时降低气化炉的温度,导致煤气的 H_2、CO_2 含量和热值下降,但随着气化剂中的总氧量增加,气化炉的温度又会

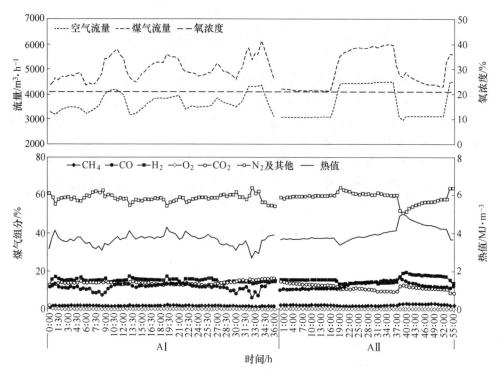

图 5-10 华亭空气连续气化试验的煤气组分、热值和流量

（上述数据中，煤气流量是根据煤气中 N_2 含量和气化剂空气注入量反推得到，
气化剂氧浓度由气化剂成分计算获得，而煤气的 N_2 及其他含量和热值（低位热值）则是
根据煤气组分计算得出，其余数据源自测控系统，下同）

逐渐回升。综上所述，当空气注入速率发生急剧变化时，煤气的组分和热值也会随之改变，但之后会逐渐恢复原有状态，即气化炉状态会经历"平衡—破坏—再平衡"三个阶段。

上述试验表明，虽然空气注入速率改变会暂时改变煤气组分和热值，但当气化炉恢复平衡后，所产煤气组分和热值又逐渐恢复至原有水平，说明地下气化过程中单纯改变鼓风量大小对煤气产量影响较大，但对其组分和热值影响则有限。

5.2.3 空气-蒸汽连续气化试验

空气-蒸汽连续气化法以空气和蒸汽为气化剂，生产过程中向地下气化炉中连续不断地注入空气和蒸汽混合物，所产煤气称之为混合煤气。蒸汽的生产方式有两种，一种是由地面锅炉房直接生产蒸汽经管路注入气化炉，另一种是在气化过程中向炉内喷射水雾产生蒸汽。该气化具有工艺简单、设备投资小和生产成本低等特点，所产煤气的 H_2 含量和热值较空气煤气有一定的提高。中梁山和华亭 UCG 试验运行期间均进行了空气-蒸汽连续气化试验。

5.2.3.1 中梁山空气-蒸汽连续气化试验

中梁山 UCG 试验分别于 2005 年 9 月 16 日至 17 日、9 月 22 日和 9 月 23 日进行了空气-蒸汽连续气化试验，并在此基础上开展了双炉联合和单炉交替运行试验。

A　双炉联合运行空气-蒸汽连续气化试验（AS-D）

中梁山 AS-D 试验过程中，向两个气化炉同时注入空气和高压雾化水后，煤气中的 H_2 含量上升最为明显，试验后期其含量较试验初期增加近一倍。这是由于气化剂中增加了雾化水，而煤气中的 H_2 量主要源自气化反应过程中蒸汽的分解。此外，CO_2 和 CO 含量均略有上升，这表明气化剂中增加蒸汽有助于提高气化炉的气化强度。煤气 CH_4 含量在整个实验过程中十分稳定，这是因为 CH_4 生成反应条件较为苛刻，地下气化煤气中的 CH_4 主要源自煤层瓦斯和挥发分热解，所以注入蒸汽与否对煤气中的 CH_4 含量影响不大。由于煤气成分多数处于上升或稳定状态，因此煤气的有效组分和热值呈上升趋势，而 N_2 及其他含量呈下降趋势。试验过程中煤气组分、热值和流量的具体变化情况如图 5-11（a）所示。

B　单炉交替运行空气-蒸汽连续气化试验（AS-S）

中梁山 AS-S 试验过程中，煤气组分、热值和流量变化规律不明显，有效成分和热值整体呈现波动式上升趋势，说明注气点切换对气化过程的稳定性产生了一定影响。此外，该试验所产煤气 CH_4 含量平均值高达 21.86%，高出双炉联合运行的 2 倍，这可能由两方面原因造成的：（1）单炉交替运行的产气量仅为双炉联合运行的一半；（2）AS-S 试验过程中可能发生了大规模的瓦斯涌出现象。试验过程中煤气组分、热值和流量的具体变化情况如图 5-11（b）所示。

5.2.3.2 华亭空气-蒸汽连续气化试验

本节选取了华亭 UCG 试验运行期间两次持续时间较长的空气-蒸汽连续气化试验，并对其试验过程和结果进行了阐述。

A　空气-蒸汽连续气化试验 I（ASI）

ASI 试验持续时间较长，达到 135h，试验过程中注气工艺参数总体较为稳定，所产煤气的组分和热值十分平稳，虽然试验期间发生过数次短时间的空气注入速率急剧下降，但对煤气的组分和热值几乎没有影响。试验过程中煤气组分、热值和流量的具体变化情况如图 5-12 中 ASI 部分所示。

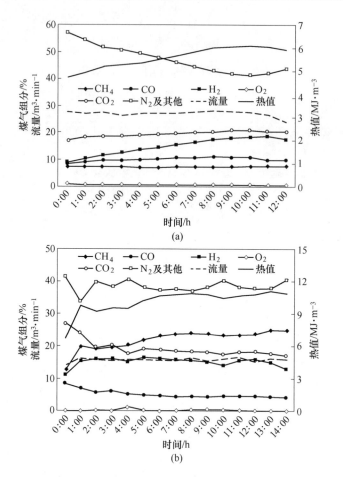

图 5-11　中梁山空气-蒸汽连续气化试验的煤气组分、热值和流量变化
(a) 双炉联合运行；(b) 单炉交替运行

B　空气-蒸汽连续气化试验 II（AS II）

AS II 试验过程中，煤气的有效组分和热值整体呈下降趋势。试验初始的煤气热值较高，这主要是受此前富氧-蒸汽连续气化试验的影响，而当注入空气和蒸汽时，气化炉温度会有所降低，使得该工艺无法继续产出该热值的煤气，此时气化炉处于"入不敷出"的状态，根据能量守恒定律，煤气的有效组分和热值会逐渐降低，直至达到新平衡。26：30 时减少空气和蒸汽的注入量，此后 10h 内，所产煤气的 CO_2 含量出现了下降的趋势，而煤气热值出现了暂时的稳定，这是由于注气量减少后，上一阶段积蓄的热量维持了这一状态，当热量消耗完毕后，煤气热值又出现下降的趋势，这说明气化工作面尚未达到平衡状态，该状态一直持续至试验结束。试验过程中煤气组分、热值和流量的具体变化情况如

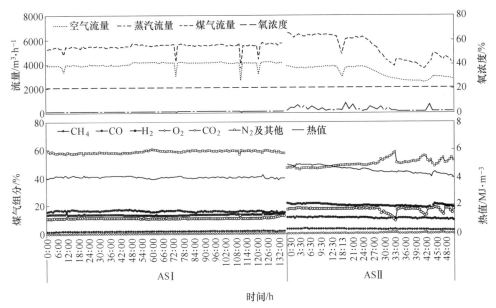

图 5-12　华亭空气-蒸汽连续气化试验的煤气组分、热值和流量变化

图 5-12 中 ASⅡ 部分所示。

5.2.4　富氧（蒸汽/CO₂）连续气化试验

提高气化剂中的氧浓度可显著提升地下气化煤气品质，为降低产气成本，纯氧有时会搭配空气、蒸汽或 CO_2 等按一定比例混合使用，形成多种形式的富氧气化工艺。该方法具有工艺简单、产气连续、煤气稳定等特点，所产煤气的热值一般可达 5MJ/m³ 以上，可用于燃气发电、IGCC 发电，或作为化工原料气。中梁山和华亭 UCG 试验运行期间均进行了不同形式的富氧连续气化试验。

5.2.4.1　中梁山纯氧+CO₂连续气化试验

地下气化的目标产物是 CH_4、CO 和 H_2 等可燃气体（也称有效组分），而 CO_2 作为气化过程的中间体和产物，虽然会参与一系列的氧化还原反应，但其作为煤气中的不可燃组分，不仅限制了煤气的热值，也是潜在的 CO_2 排放源[216]。为此，有学者提出了将煤气中的 CO_2 回收再将其作为气化剂回填至气化炉中的设想，并通过试验研究发现该工艺不仅有利于提高所产煤气的热值，而且能够实现 CO_2 的循环利用[217]。为进一步研究注入 CO_2 对地下气化产气效果的影响，中梁山 UCG 试验运行期间开展了双炉联合运行纯氧+CO_2 连续（简称"纯氧碳"或 OC-D，下同）气化试验，试验所需的气化剂由瓶装纯氧和 CO_2 提供。该试验的煤气组分、热值和流量变化情况如图 5-13 所示。试验过程中，煤气的 CH_4 和 CO 含量上升较为明显，CO_2 含量却十分平稳，这是因为回填 CO_2 增加了还原反应中反应物 CO_2 的浓度，也就增加了 CO_2 与碳接触的机会，从而有利于还原反应的进行[217]。该试验所产煤气的 $CO+CO_2$ 含量较其他试验的有所提高，说明气化反应强度得到了增强。与空气、空气-蒸汽气化工艺相比，由于未注入雾化水，该试验所产煤气的 H_2 含量较低，但有效组分含量却显著提升，最高达到 47.30%。理论上纯氧气化试验所产煤气中 N_2 含量极少，但该试验的煤气 N_2 含量却普遍高于 40%，可能是前期随空气注入气化炉的 N_2 尚未完全排出，以及煤层瓦斯涌出带入的部分 N_2。综上所述，说明纯氧碳气化工艺可以显著改善煤气品质，提升气化反应强度。

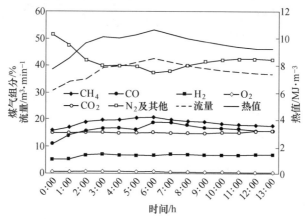

图 5-13　中梁山纯氧+CO_2 连续气化试验的煤气组分、热值和流量变化

5.2.4.2　华亭富氧（蒸汽）连续气化试验

华亭 UCG 试验运行期间均进行了不同形式的富氧（蒸汽）连续气化试验，按气化剂组分和注气方式不同，可划分为富氧连续气化、富氧-蒸汽连续气化和富氧-富氧蒸汽交替气化等三种工艺。

A　富氧连续气化试验（O）

华亭 UCG 试验运行期间进行了两组富氧连续（简称"O"，下同）气化试验。第一组试验中，依次向气化炉内注入了氧浓度分别为 37%、35% 和 33% 的气化剂，第二组注入气化剂的氧浓度依次为 32% 和 36%。两组试验所产煤气的组分、热值和流量的具体变化情况如图 5-14 所示。

第一组试验中，37%O 气化试验初期，由于氧气浓度急速上升，导致煤气的 CO、CO_2 和 H_2 含量和热值大幅上升，氧气浓度稳定后，其上升幅度趋势减缓。

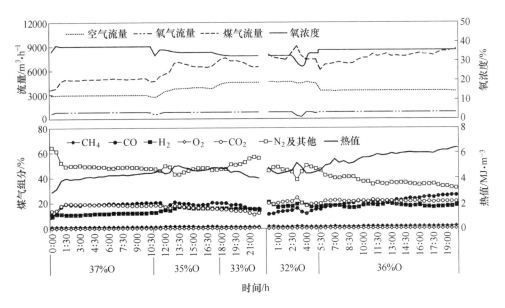

图 5-14 华亭富氧连续气化试验的煤气组分、热值和流量变化

10h 时，气化剂氧气浓度和注入空气量在短时间内下降后又上升，使得煤气组分和热值也发生波动。当氧气浓度和注入空气量趋于稳定后，波动幅度也随之减小，这一阶段的气化剂氧浓度平均为 35%。17h 时，随着鼓风量再一次增加，气化剂氧浓度进一步下降至 33%，使得煤气热值和 CO、CO_2 含量持续降低。

第二组试验中，32%O 气化试验的煤气组分和热值波动较大，主要是由于实验持续时间较短，仅为 5h，在此时间内气化炉内环境没有重新达到平衡。5h 左右，注入空气量减少，导致气化剂氧浓度上升，加之前期大鼓风气化炉积聚的热量，使得煤气的 CO 含量和热值持续上升。

B 富氧-蒸汽连续气化试验（OS）

华亭 UCG 试验运行期间开展了一系列富氧-蒸汽连续（简称"OS"，下同）气化试验，其中一组试验持续时间长达 256h，试验中先后注入了氧浓度为 23%、39% 和 34% 的富氧和蒸汽，试验所产煤气的组分、热值和流量变化情况如图 5-15 所示。23%OS 气化试验中，逐渐增加氧气注入量，但在 11h 时空气注入量突然减少后又增加，使得煤气热值和组分发生波动。之后注气参数维持不变，煤气热值和组分逐渐趋于平稳。进入 39%OS 气化试验阶段后，注入的空气量减少，氧气量和蒸汽量增加。由于氧气浓度的大幅提升，煤气热值和 CO、CH_4 含量显著增加。但在实验的后半阶段，因为注入的空气量和蒸汽量不稳定，使得煤气组分和热值波动较大。34%OS 气化试验中，空气注入速率增大，并将其稳定在 4100m^3/h，但期间发生了三次短时间的停止供氧，煤气组分和热值随即产生明显

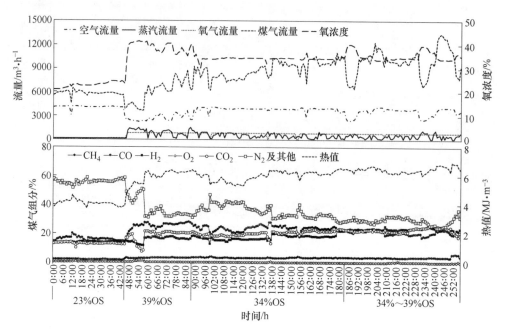

图 5-15　华亭富氧-蒸汽连续气化试验的煤气组分、热值和流量变化

波动，这说明注氧量变化对气化活动影响较大，即使时间很短。在 34%～39%OS
气化试验中，氧气和蒸汽注入量基本维持不变，只是注入的空气量先后两次被减
少后又恢复，但煤气组分和热值并未随之发生明显波动。上述情况说明，相比于
鼓风量变化，气化剂中注氧量变化对气化过程的影响更大，即使注氧量变化持续
的时间很短。

　　此外，华亭 UCG 试验运行期间开展了纯氧-蒸汽连续气化试验，试验所产煤
气的组分和热值变化情况如图 5-16 所示。随着纯氧-蒸汽的注入，起初煤气的
H_2、CO、CO_2 含量和热值平缓上升，N_2 含量较大幅度下降；进入试验后期，煤气
的 CO_2 含量继续保持上升趋势，H_2 含量趋于稳定，但 CO 含量和热值则出现小幅
度下降。这是因为纯氧注入初期，碳的氧化反应加剧导致炉温上升，进而加速气
化还原反应，使得煤气的 CO 含量和热值升高，但随着氧含量的进一步增加，碳
燃烧会生成大量的 CO_2[217]。此外，气化反应生成的 CO 与未分解的蒸汽发生水
煤气反应（$H_2O+CO=H_2+CO_2$），也会导致 CO_2 含量增加，CO 含量减少[217]。

　　C　富氧-富氧蒸汽交替气化试验（O-OS）
　　为研究蒸汽对地下气化效果的影响，华亭 UCG 试验运行期间采用脉冲式注
气工艺进行了一组富氧-富氧蒸汽交替（简称"O-OS"，下同）气化试验，主要
包括 48%富氧-48%富氧蒸汽交替（48%O-48%OS）和 83%富氧-83%富氧蒸汽

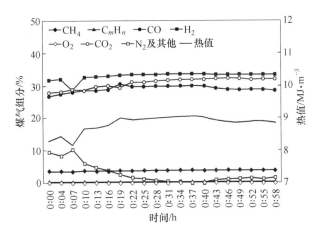

图 5-16 华亭纯氧-蒸汽连续气化试验的煤气组分和热值变化

交替（83%O-83%OS）气化试验，试验所产煤气组分、热值和流量的具体变化情况如图 5-17 所示。

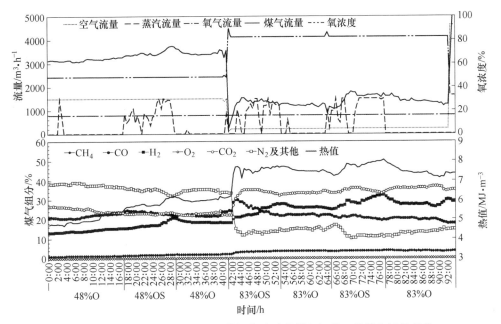

图 5-17 华亭富氧-富氧蒸汽交替气化试验的煤气组分、热值和流量变化

48%O-48%OS 试验过程中，煤气的有效组分和热值呈现波动式上升趋势。采用 48%富氧作为气化剂时，煤气中的有效组分和热值逐渐升高。当注入蒸汽后，煤气热值进一步上升，至 29：00 时热值增至最大 $6.21MJ/m^3$。此时停注蒸汽，

煤气热值出现台阶式下降，33：00 时又开始缓慢上升。这是因为，停注蒸汽虽然会在前期暂时降低煤气的 H_2 含量和热值，但在后期会使炉温逐渐提升，从而提高煤气的 CO 含量和热值。试验结果表明，在气化剂氧浓度相同的条件下，加注蒸汽可以提高所产煤气的有效组分和热值。

83%O-83%OS 试验过程中，煤气的有效组分和热值随脉冲式注气工艺呈规律性波动。试验初期，以 83% 富氧蒸汽为气化剂，由于刚刚调整注气参数，导致所产煤气组分和热值波动性较大。53h 时停注蒸汽，煤气的 H_2 含量和热值明显下降。64h 时再次注入蒸汽，煤气的 H_2 含量和热值又出现大幅上升。77h 时再次停注蒸汽，煤气的 H_2 含量和热值又急剧下降。综上所述，在气化剂氧浓度相同条件下，加注蒸汽时所产煤气的 H_2 含量和热值要明显高于未注蒸汽的。

5.2.5 空气/富氧-蒸汽两阶段气化试验

两阶段气化工艺是指第一阶段向气化炉中鼓入大量的空气或者富氧，为第二阶段蓄热；第二阶段停止鼓风，只注入蒸汽，蒸汽与炽热的煤层发生反应，可产生中等热值的富氢水煤气。两阶段气化工艺第一阶段通常采用空气作为气化剂，所产空气煤气的热值低、用途有限，一般用于锅炉燃气或直接通入火炬燃烧，故第一阶段有时也采用富氧作为气化剂；第二阶段所产水煤气的 H_2 含量可达 40% 以上，热值超过 $10MJ/m^3$，可用作化工和提氢原料气。两阶段气化工艺虽然可以生产热值较高的富氢水煤气，但单个气化炉无法实现连续生产。中梁山和华亭 UCG 试验运行期间均开展了两阶段气化试验，但其第一阶段所采用的气化剂有所不同，前者为空气，后者为富氧。

5.2.5.1 中梁山空气-蒸汽两阶段气化试验（AST）

本节选取中梁山 UCG 试验运行期间开展的某次空气-蒸汽两阶段法气化试验进行研究，其第二阶段的煤气组分、热值和流量变化情况如图 5-18 所示。试验的第二阶段中，受煤气流量急剧下降影响，煤气的 CH_4 含量和热值上升最为明显；由于气化剂中没有氧气供应，使得气化反应的碳消耗有所减少，进而导致煤气的 CO 和 CO_2 含量逐渐降低；此外，煤气的 H_2 含量前期较高，后期逐渐减少，主要是由于第一阶段积蓄的热量因第二阶段的蒸汽分解而逐渐消耗，致使炉温不断降低，最终造成蒸汽分解量也随之下降。需指出的是，受气化煤层高瓦斯含量影响，该试验所产煤气的各种组分中，CH_4 含量最高，平均值达到 26.26%，而 H_2 含量平均仅为 20.88%，但仍高于其他气化工艺所产煤气的 H_2 含量。

5.2.5.2 华亭富氧-蒸汽两阶段气化试验（OST）

为了克服空气-蒸汽两阶段气化工艺第一阶段所产煤气热值低的缺点，华亭

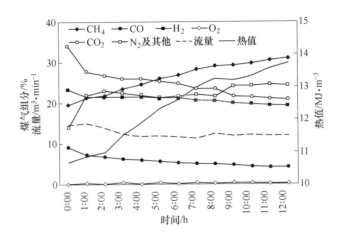

图 5-18 中梁山空气-蒸汽两阶段气化试验水煤气组分、热值和流量变化

UCG 试验运行期间开展了富氧-蒸汽两阶段气化试验，该试验第二阶段所产煤气组分和热值的具体变化情况如图 5-19 所示。该试验中，煤气的 CH_4、H_2 含量和热值前期较为稳定，后期有所下降；CO 和 CO_2 含量总体呈下降趋势。值得注意的是，该试验所产水煤气的 H_2 含量总体超过 40%，远超其他气化工艺的煤气 H_2 含量，这为今后地下气化两阶段气化工艺大规模生产富氢煤气奠定了理论和实践基础。

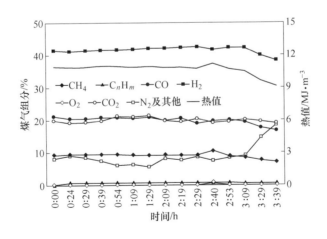

图 5-19 华亭富氧-蒸汽两阶段气化试验水煤气组分和热值变化

中梁山华亭 UCG 试验不同气化工艺所产煤气的组分、热值和流量的变化范围和平均值详见表 5-5 和表 5-6。

表 5-5　中梁山 UCG 试验不同气化工艺所产煤气的组分、热值和流量$\left(\dfrac{最小值\sim最大值}{平均值}\right)$

气化工艺	煤气组分/%						煤气热值/MJ·m⁻³	煤气流量/m³·h⁻¹
	CH_4	CO	H_2	O_2	CO_2	N_2及其他	煤气热值/MJ·m⁻³	煤气流量/m³·h⁻¹
A-D	13.30~14.00 13.70	11.20~13.80 13.07	7.40~8.80 8.15	0.60~0.60 0.60	14.90~15.30 15.13	48.00~52.20 49.36	6.99~7.58 7.44	1488~1564 1524
A-S	7.70~8.20 7.93	8.40~10.70 9.46	9.90~11.40 10.88	0.40~1.30 0.78	15.00~16.90 16.23	53.10~56.30 54.73	5.07~5.45 5.21	1397~2073 1746
AS-D	7.30~7.70 7.47	8.50~11.30 10.15	8.90~18.80 14.95	0.70~0.90 0.79	17.30~21.00 19.55	41.30~56.90 47.09	4.72~6.09 5.57	1447~1686 1626
AS-S	12.30~25.00 21.86	4.20~8.40 5.19	11.10~16.20 15.07	0.00~1.10 0.13	17.20~26.90 19.35	33.40~41.30 38.40	6.67~11.12 10.11	842~986 940
OC	15.90~21.00 18.96	11.20~19.00 16.41	5.40~7.30 6.81	0.60~1.00 0.75	14.90~16.00 15.24	37.20~51.40 41.84	7.70~10.64 9.60	410~430 420
AST	19.60~31.00 26.26	4.20~9.10 5.68	19.40~23.30 20.88	0.00~0.40 0.23	20.90~34.00 24.83	14.00~24.50 22.11	10.69~13.73 12.38	683~903 752

表 5-6　华亭 UCG 试验不同气化工艺所产煤气的组分、热值和流量$\left(\dfrac{最小值\sim最大值}{平均值}\right)$

气化工艺	煤气组分/%						煤气热值/MJ·m⁻³	煤气流量/m³·h⁻¹
	CH_4	CO	H_2	O_2	CO_2	N_2及其他	煤气热值/MJ·m⁻³	煤气流量/m³·h⁻¹
AI	1.33~2.11 1.61	5.63~14.34 11.45	11.30~17.01 14.92	0.00~2.04 0.06	11.98~15.83 13.72	53.96~63.97 58.24	2.69~4.29 3.63	4338~6200 5012
AII	1.57~2.91 2.13	10.02~16.74 12.36	13.02~19.06 15.41	0.00~0.00 0.00	8.49~14.23 11.35	50.27~63.97 58.76	3.36~5.01 3.99	4124~5997 4907
ASI	1.46~1.88 1.64	14.12~17.09 15.91	12.69~14.47 13.27	0.00~0.09 0.00	10.46~12.85 10.90	56.21~59.89 58.28	3.82~4.21 4.03	3681~5822 5501
ASII	2.15~3.40 2.86	9.23~11.66 10.76	18.01~21.38 19.82	0.00~1.00 0.10	9.01~18.49 16.85	45.70~57.83 49.61	3.96~4.96 4.52	3670~6625 5318
32%O	1.10~1.18 1.41	11.20~15.70 13.28	16.90~21.20 18.44	0.00~0.00 0.00	17.90~24.20 20.36	38.80~50.30 46.51	4.31~5.19 4.59	7339~9089 7842
33%O	1.23~1.44 1.31	15.35~20.09 17.70	14.69~16.13 15.57	0.00~0.31 0.08	10.77~15.21 13.39	47.20~56.83 51.94	4.00~4.79 4.39	6392~7549 6981
35%O	1.42~1.70 1.50	17.06~21.10 19.30	14.51~17.48 16.02	0.00~0.00 0.00	15.35~18.17 16.56	42.91~49.55 46.62	4.36~4.97 4.71	5542~7080 6312
36%O	1.30~1.90 1.59	16.70~26.50 22.19	16.50~20.30 18.07	0.00~0.00 0.00	20.90~22.40 21.48	32.00~42.00 36.67	4.98~6.43 5.77	6710~8689 7726
37%O	1.07~1.40 1.25	17.22~20.40 19.27	10.96~12.34 11.87	0.00~0.00 0.00	17.86~19.64 18.63	47.74~52.37 48.98	3.81~4.41 4.17	4597~5032 4889

气化工艺	煤气组分/%						煤气热值/MJ·m⁻³	煤气流量/m³·h⁻¹
	CH₄	CO	H₂	O₂	CO₂	N₂ 及其他		
23%OS	$\frac{1.37\sim2.07}{1.63}$	$\frac{13.40\sim19.83}{15.79}$	$\frac{12.51\sim14.56}{13.80}$	$\frac{0.00\sim0.39}{0.02}$	$\frac{10.01\sim13.70}{12.72}$	$\frac{51.80\sim58.92}{56.04}$	$\frac{3.72\sim4.66}{4.07}$	$\frac{3919\sim6454}{5761}$
34%OS	$\frac{2.86\sim4.09}{3.25}$	$\frac{17.86\sim27.74}{23.61}$	$\frac{12.82\sim23.23}{17.44}$	$\frac{0.00\sim0.61}{0.01}$	$\frac{13.27\sim23.46}{20.27}$	$\frac{27.76\sim47.12}{35.42}$	$\frac{5.33\sim6.57}{6.03}$	$\frac{6244\sim11020}{8916}$
39%OS	$\frac{2.45\sim3.20}{2.92}$	$\frac{17.06\sim27.97}{25.37}$	$\frac{11.56\sim17.99}{15.74}$	$\frac{0.00\sim1.62}{0.18}$	$\frac{7.14\sim21.42}{18.62}$	$\frac{31.25\sim51.18}{37.17}$	$\frac{4.80\sim6.43}{5.95}$	$\frac{3647\sim8830}{6060}$
100%OS	$\frac{3.84\sim3.95}{3.91}$	$\frac{28.58\sim30.15}{29.43}$	$\frac{33.39\sim33.63}{33.49}$	$\frac{0.00\sim0.00}{0.00}$	$\frac{31.09\sim32.31}{31.89}$	$\frac{0.06\sim1.59}{0.92}$	$\frac{8.85\sim9.07}{8.95}$	—
48%O - 48%OS	$\frac{1.10\sim2.00}{1.48}$	$\frac{20.40\sim23.90}{21.92}$	$\frac{13.00\sim20.50}{15.99}$	$\frac{0.00\sim0.00}{0.00}$	$\frac{22.00\sim26.80}{24.13}$	$\frac{32.90\sim38.90}{36.48}$	$\frac{4.67\sim6.19}{5.42}$	$\frac{3074\sim3644}{3284}$
	$\frac{1.40\sim1.90}{1.62}$	$\frac{22.00\sim24.70}{23.48}$	$\frac{15.40\sim20.80}{17.26}$	$\frac{0.00\sim0.00}{0.00}$	$\frac{22.50\sim23.40}{22.99}$	$\frac{32.00\sim36.10}{34.66}$	$\frac{5.59\sim6.21}{5.82}$	$\frac{3316\sim3748}{3461}$
83%O - 83%OS	$\frac{3.10\sim3.80}{3.48}$	$\frac{17.60\sim22.60}{20.53}$	$\frac{25.60\sim31.40}{27.45}$	$\frac{0.00\sim0.00}{0.00}$	$\frac{32.60\sim36.80}{34.78}$	$\frac{10.80\sim15.90}{13.76}$	$\frac{7.12\sim7.93}{7.45}$	$\frac{1129\sim1687}{1513}$
	$\frac{3.00\sim3.70}{3.44}$	$\frac{19.20\sim30.10}{22.70}$	$\frac{21.20\sim32.30}{26.75}$	$\frac{0.00\sim0.00}{0.00}$	$\frac{32.10\sim36.00}{34.34}$	$\frac{10.20\sim16.90}{12.77}$	$\frac{7.10\sim8.05}{7.63}$	$\frac{866\sim1792}{1438}$
OST	$\frac{8.51\sim10.47}{9.32}$	$\frac{19.01\sim21.21}{20.40}$	$\frac{41.32\sim42.52}{41.92}$	$\frac{0.00\sim0.78}{0.07}$	$\frac{19.01\sim21.46}{19.96}$	$\frac{5.56\sim9.10}{7.64}$	$\frac{10.49\sim11.21}{10.91}$	—

5.3 气化指标对比分析

根据煤质分析、气化剂注入量以及所产煤气的组分、热值和流量等情况，采用实际数据法对中梁山和华亭 UCG 试验的各气化工艺进行物料和热量平衡计算，获得各气化工艺的煤气产率、消耗指标和气化效率等气化指标，并对不同气化工艺的同类指标进行了对比分析。

5.3.1 煤气组分与热值

煤气组分与热值是气化效果的直观体现，故分别对中梁山和华亭 UCG 试验各气化工艺的煤气组分与热值进行了对比分析，着重基于华亭 UCG 试验数据研究了气化剂中氧浓度与蒸汽对煤气组分与热值的影响。

5.3.1.1 中梁山 UCG 试验的煤气组分与热值

中梁山 UCG 试验运行期间各类试验所产煤气的组分和热值对比如图 5-20 所示。对比结果表明，中梁山各气化工艺所产煤气的 CH₄ 含量（平均值，下同）为 7.47%~26.26%，远超一般地下气化煤气 CH₄ 含量。由于煤气中的 CH₄ 含量占比大，其对不同气化工艺所产煤气的热值起决定性影响，但从中梁山各气化试验产气结果来看，煤气中 CH_4 含量与气化工艺间的关系不明显。气化剂成分相同条件下，双炉联合和单炉交替运行试验所产煤气的 CH_4 含量和热值差异较大，对于空气连续气化工艺，双炉联合运行试验的产气效果要优于单炉交替的，而在空气-蒸汽连续气化试验中却出现相反情况，故在现有试验基础上难以判断双炉联合和单炉交替的优劣，但结合气化过程分析发现双炉联合运行试验的产气稳定性要优于单炉交替的。

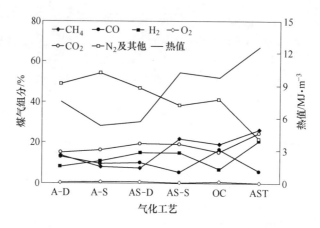

图 5-20　中梁山 UCG 试验不同气化工艺所产煤气的组分和热值

　　值得一提的是，中梁山北矿 K_3 和 K_4 煤层较薄（1.15m 和 1.45m），且具有煤与瓦斯突出危险性，倾角约为 65°~70°，煤质为焦煤，具有黏结性强（$CRC = 7$）、反应活性低（$\alpha(1000℃) = 30.5\%$）等特点，属于典型的难采、不宜气化煤层。中梁山 UCG 试验的建设和运行，开创了国内突出煤层与焦煤地下气化的先河，实现了煤与瓦斯共气化的安全生产，进一步拓宽了地下气化的应用领域。同时，该项目各试验的产气效果表明，在适宜的资源条件和合理的气化工艺配合下，焦煤不仅可以进行地下气化，而且还可以连续、稳定地生产出富含 CH_4 的高品质煤气。综上所述，中梁山 UCG 试验证实了地下气化可用于开采煤与瓦斯突出煤层等难采煤资源，并能实现资源的综合利用。

5.3.1.2　华亭 UCG 试验的煤气组分与热值

　　华亭 UCG 试验运行期间开展了大量气化工艺试验，各工艺中，空气煤气的有效组分和热值最低，分别为 27.97% 和 3.65MJ/m³（平均值，下同），而富氧-蒸汽两阶段法所产水煤气的有效组分和热值最高，分别为 72.23% 和 10.83MJ/m³。在华亭 UCG 试验运行期间开展的众多气化试验中，按气化剂中的有效成分可将其划分为两大类：一类是仅以氧气为有效成分；另一类是以氧气和蒸汽为有效成分。为便于研究，将第一类统称为氧气气化，第二类称为氧气蒸汽气化。为进一步研究气化剂氧浓度和蒸汽对气化特性的影响，对两大类气化工艺所产煤气的组分和热值进行了对比分析。两类试验的煤气组分和热值随气化剂氧浓度的变化规律如图 5-21 所示。结果表明，随着气化剂中氧浓度的提高，两类气化工艺所产煤气的 CH_4、CO、H_2、CO_2 含量和热值总体呈上升趋势，只有 N_2 呈下降趋势。各工艺所产煤气的组分和热值随气化剂氧浓度的变化规律具体分析如下。

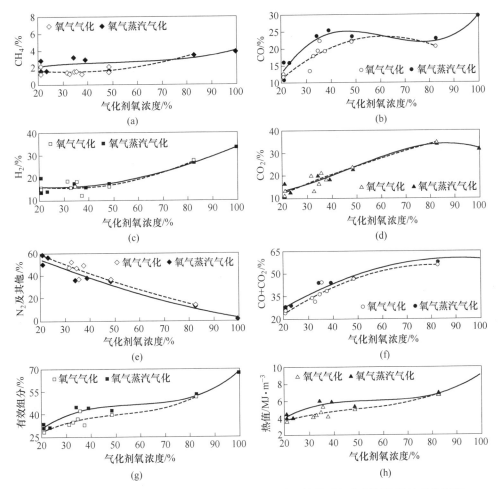

图 5-21 华亭 UCG 试验不同气化工艺的煤气组分和热值随气化剂氧浓度的变化规律

（a）CH_4 含量；（b）CO 含量；（c）H_2 含量；（d）CO_2 含量；

（e）N_2 及其他含量；（f）$CO+CO_2$ 含量；（g）有效组分；（h）煤气热值

（1）CH_4 含量。利用碳和 H_2/蒸汽反应，或者通过甲烷化反应生成 CH_4，需满足一定的温度、压力及催化剂条件，华亭 UCG 试验的气化炉内压力低于

60kPa，且气化过程未注入任何催化剂，所以通过气化反应产生的 CH_4 量有限，煤气的 CH_4 主要源自气化过程中煤层瓦斯的涌出以及原煤挥发分的热解。由于与气化反应无关，因此理论上气化剂中的氧浓度和蒸汽对煤气中 CH_4 含量的影响不大。华亭 UCG 试验结果表明，随着气化剂氧浓度的增加，煤气中 CH_4 含量略有提高（见图 5-21（a）），这是煤气产量的减少导致 CH_4 含量相对集中导致的。此外，随着气化工作面运行至中后期，其煤层瓦斯和原煤挥发分逐渐消耗殆尽，所产煤气的 CH_4 含量会有所降低。

（2）CO 和 CO_2 含量。随着气化剂中氧浓度增加，两类气化工艺所产煤气的 CO 和 CO_2 含量在初始阶段均有所上升，但随后表现出不同的变化趋势，如图 5-21（b）和（d）所示。氧气气化试验结果表明，起初煤气中的 CO 和 CO_2 含量随着气化剂氧浓度的提高而增加，但当氧浓度超过 60% 时，CO 含量开始下降，而 CO_2 含量则继续上升。这主要是由于气化剂中氧气含量过高时，会使部分 CO 重新氧化生成 CO_2 [175,214]。从氧气蒸汽气化试验结果可知，起初煤气中的 CO 和 CO_2 含量均随着气化剂氧浓度的提高而增加，但当氧气浓度超过 85% 时，CO_2 含量开始下降，而 CO 含量略微下降后继续上升。这主要是由于气化剂添加蒸汽后，蒸汽分解生成 H_2，促使水煤气变换反应（$CO+H_2O \rightleftharpoons CO_2+H_2$）朝逆向进行，将 CO_2 还原生成 CO [175]。两类试验所产煤气的 $CO+CO_2$ 含量随气化剂氧浓度的上升呈现相近的上升趋势，但加注蒸汽后的煤气 $CO+CO_2$ 含量要高于未注蒸汽的（见图 5-21（f）），说明加注蒸汽有利于增强气化炉的反应强度。

（3）H_2 含量。随着气化剂中氧浓度的增加，两类试验所产煤气中的 H_2 含量均呈增加趋势，两者曲线几乎重叠，如图 5-21（c）所示。这是因为气化剂氧浓度增加会提升气化炉的温度，从而提高蒸汽的分解量。需要指出的是，虽然氧气气化的各试验中未向气化炉内注入蒸汽，但由于地下气化过程中地下水的涌入、蒸发和分解，所产煤气中的 H_2 含量也随着气化剂氧浓度的增加而提高。两类试验过程中，所产煤气的 H_2 含量一直保持上升趋势，说明试验过程中地下涌水或者气化剂注入蒸汽数量尚无法满足地下气化的需求，蒸汽的分解还未达到平衡。

（4）N_2 及其他含量。煤气中 N_2 主要源自气化剂，少量来自瓦斯和原煤，因此，当气化剂中氧浓度提高时，煤气中的 N_2 及其他含量会逐渐降低，如图 5-21（e）所示。

（5）有效组分含量与热值。煤气中的有效组分含量随气化剂氧浓度的变化规律受 CH_4、C_mH_n、CO 和 H_2 等含量变化的共同影响，考虑到华亭 UCG 试验所产煤气的 CH_4 和 C_mH_n 含量较低，故 CO 和 H_2 含量起决定性作用。由于煤气有效组分含量决定着其热值的高低，两类气化工艺所产煤气的有效组分含量和热值随氧气浓度的增加呈现相同变化规律，即随着气化剂中氧浓度的增加，两类气化工艺的有效组分和热值均呈现上升趋势，但相同氧浓度条件下，氧气蒸汽气化工艺所产的煤气有效组分和热值要比氧气气化工艺的更高,最大涨幅37.5%,如图5-21(g)和(h)所示。

5.3.2 煤气产率与流量比

对中梁山和华亭UCG试验各气化工艺的煤气产率和流量比进行了分析。煤气产率是指单位原料煤气化后可产出的煤气量。流量比是指同一种工艺中煤气产量与气化剂的流量比值,其中气体体积为标准状态下干燥气体体积。

5.3.2.1 中梁山UCG试验的煤气产率与流量比

中梁山UCG试验各气化工艺的煤气产率与流量比的变化没有明显规律,详见表5-7。各工艺中,空气-蒸汽两阶段水煤气的煤气产率最低,为2.36m³/kg,而单炉交替运行空气连续气化时的流量比最低,为1.46,单炉交替运行空气-蒸汽连续气化工艺具有最高的煤气产率和流量比,分别为4.22m³/kg和2.09。

表5-7 中梁山UCG试验不同气化工艺的煤气产率和流量比

气化指标	空气连续气化		空气-蒸汽连续气化		纯氧+CO₂连续气化	空气-蒸汽两阶段气化
	双炉	单炉	双炉	单炉		
煤气产率/kg·m⁻³	3.16	3.78	3.31	4.22	2.65	2.36
流量比	1.62	1.46	1.70	2.09	1.61	—

5.3.2.2 华亭UCG试验的煤气产率与流量比

华亭UCG试验的各气化工艺中,空气连续气化的煤气产率最高,而纯氧-蒸汽连续气化的最低,分别为4.66m³/kg和1.81m³/kg;纯氧-蒸汽连续气化的流量比最大,37%O气化的流量比最小,分别为3.09和1.36。为进一步研究气化剂氧浓度和蒸汽对煤气产率和流量比的影响,对华亭UCG试验氧气气化和氧气蒸汽气化工艺的煤气产率与流量比随气化剂氧浓度的变化规律进行了对比分析,并绘制成曲线,如图5-22所示。

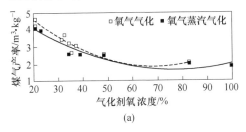
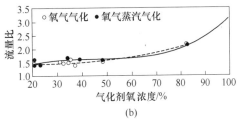

图5-22 华亭UCG试验不同气化工艺的煤气产率和流量比随气化剂氧气浓度的变化规律

(a)煤气产率;(b)流量比

随着气化剂氧浓度的提升，两类气化工艺的煤气产率均呈现下降趋势。氧气气化工艺中，当气化剂氧浓度由21%增加至83%时，其煤气产率由4.66m³/kg下降至2.03m³/kg；氧气蒸汽气化工艺中，随着气化剂氧浓度由21%上升至100%，其煤气产率由4.19m³/kg下降至1.81m³/kg。煤气产率是利用原煤含碳量除以煤气中碳含量求得的，而煤气中的碳含量主要集中在CO和CO_2中，故理论上煤气产率与煤气中的CO和CO_2总量呈反比关系。由于煤气中的CO+CO_2含量随着气化剂氧浓度的提高而上升，所以煤气产率呈现下降趋势。

两类气化工艺的流量比随着气化剂氧浓度的提高总体呈上升趋势，且所有试验的流量比均大于1。氧气气化工艺中，当气化剂氧浓度由21%增加至83%时，其流量比由1.41上升至2.13；氧气蒸汽气化工艺中，随着氧浓度由21%提升至100%，其流量比由1.40增加至3.09。这是因为在地下气化过程中，气化剂中的氧气、蒸汽与原煤反应后体积会有所增加，加之气化煤层瓦斯的释放和挥发分的热解也会提升煤气产量，所以地下气化所产的煤气体积要大于注入的气化剂体积（以标准状态下干燥气体体积计）。此外，气化剂中的N_2为惰性气体并不参与气化反应，而是直接进入煤气中。由于煤气中的N_2主要来自气化剂中的空气，所以随着气化剂氧浓度的提高，煤气中的N_2含量会减少，进而导致流量比呈上升趋势。

5.3.3　消耗指标

消耗指标是指生产单位煤气所需消耗的原煤、空气、蒸汽和氧气数量，是影响地下气化经济性的重要指标，主要包括原煤消耗、空气消耗、蒸汽消耗和氧气消耗等。

5.3.3.1　中梁山UCG试验的消耗指标

根据煤质和煤气组分，采用实际数据计算法获得中梁山UCG试验不同气化工艺的各项消耗指标值，结果详见表5-8。结果表明，相同气化工艺条件下，双炉联合运行的各项消耗指标要普遍大于单炉交替运行的。各气化工艺中，空气-蒸汽两阶段水煤气的原煤和蒸汽消耗量最大，而单炉交替运行空气-蒸汽连续气化的原煤和空气消耗最小。蒸汽消耗从小到大的气化工艺依次为空气连续气化、空气-蒸汽连续气化、纯氧+CO_2连续气化和空气-蒸汽两阶段气化第二阶段，空气连续气化消耗的蒸汽主要源自气化炉内地下水的蒸发。

表5-8　中梁山UCG试验不同气化工艺的消耗指标

消耗指标	空气连续气化		空气-蒸汽连续气化		纯氧+CO_2连续气化	空气-蒸汽两阶段气化
	双炉	单炉	双炉	单炉		
原煤消耗/kg·m⁻³	0.32	0.26	0.30	0.24	0.38	0.42

续表 5-8

消耗指标	空气连续气化		空气-蒸汽连续气化		纯氧+CO₂ 连续气化	空气-蒸汽 两阶段气化
	双炉	单炉	双炉	单炉		
空气消耗/m³·m⁻³	0.62	0.69	0.59	0.48	—	—
蒸汽消耗/kg·m⁻³	0.18	0.15	0.20	0.21	0.23	0.63
氧气消耗/m³·m⁻³	—	—	—	—	0.12	—

5.3.3.2 华亭 UCG 试验的消耗指标

根据煤质和煤气组分，采用实际数据计算法获得了华亭 UCG 试验不同气化工艺的各项消耗指标值。为进一步研究气化剂氧浓度和蒸汽对地下气化各项消耗指标的影响，对华亭 UCG 试验氧气气化和氧气蒸汽气化工艺的各项消耗指标随气化剂氧浓度的变化规律进行了对比分析，并绘制成曲线，如图 5-23 所示。结果表明，华亭 UCG 试验的四项消耗指标中，原煤、氧气和蒸汽消耗量随气化剂氧浓度提高而增加，但空气消耗量呈下降趋势，具体情况如下。

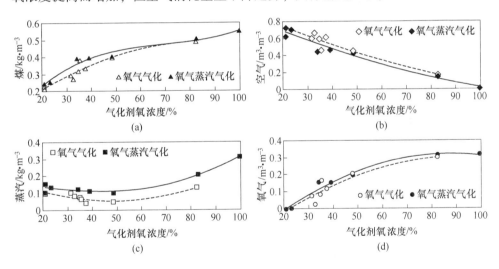

图 5-23 华亭 UCG 试验的消耗指标随气化剂氧气浓度的变化规律
(a) 原煤消耗；(b) 空气消耗；(c) 蒸汽消耗；(d) 氧气消耗

A 原煤消耗

原煤消耗与煤气产率互为倒数关系，因此原煤消耗随着气化剂氧浓度的提高而上升。如图 5-23 (a) 所示，氧气气化工艺中，当气化剂氧浓度由 21% 增加至 83% 时，原煤消耗由 0.21kg/m³ 上升至 0.49kg/m³；氧气蒸汽气化工艺中，随着氧浓度由 21% 提升至 100%，原煤消耗由 0.24kg/m³ 上升至 0.55kg/m³。这是因为

煤气中 $CO+CO_2$ 含量会随着气化剂氧浓度的提高而增加，从而导致单位煤气的碳消耗量增加。此外，气化剂氧浓度相同条件下，氧气蒸汽气化工艺所产煤气的 CO 含量比氧气气化工艺的更高，而两者的 CO_2 含量相近，因此前者的原煤消耗也更高些。

B　空气消耗

如图 5-23（b）所示，随着气化剂中氧浓度的增加，空气含量减少，导致空气消耗随之降低。氧气气化工艺中，当氧浓度由 21% 增加至 83% 时，空气消耗由 $0.74m^3/m^3$ 降低至 $0.17m^3/m^3$；氧气蒸汽气化工艺中，随着氧浓度由 21% 提升至 100%，空气消耗由 $0.74m^3/m^3$ 降低至 $0.01m^3/m^3$。

C　蒸汽消耗

如图 5-23（c）所示，随着气化剂氧浓度的增加，蒸汽消耗呈现先降低后升高的趋势。地下气化过程中，蒸汽的消耗量与炉温有关。理论上，当气化剂中的氧浓度提高后，气化工作面的温度会随之升高，促进蒸汽分解量不断增加，因此，蒸汽消耗会随着气化剂氧浓度的上升而提高。氧气气化工艺中，随着气化剂氧浓度的提高，蒸汽消耗先降低后升高，其中 37% 氧气化的蒸汽消耗最低，而 83% 氧气化的最高，分别为 $0.04kg/m^3$ 和 $0.13kg/m^3$。氧气气化工艺未注入蒸汽，气化过程中所消耗的蒸汽主要来自气化炉涌水和原煤水分。由物料衡算可得，华亭 UCG 试验的燃空区涌水转化为蒸汽的量介于 $155\sim777kg/h$ 之间。根据试验矿井水文地质条件，采用类比法推算得气化炉内正常涌水量为 2.43t/h。基于这些数据可得，华亭 UCG 试验过程中仅有 $6\%\sim32\%$ 燃空区涌水量被有效利用，其余被排出炉外。氧气蒸汽气化工艺中，蒸汽消耗随气化剂氧浓度的增加总体呈上升趋势。当气化剂氧浓度由 21% 增加至 100% 时，其蒸汽消耗由 $0.10kg/m^3$ 提高至 $0.31kg/m^3$。此外，在华亭 UCG 试验众多气化工艺中，富氧-蒸汽两阶段气化第二阶段的蒸汽消耗最高，达到 $0.58kg/m^3$。

D　氧气消耗

地下气化过程中，气化剂中的氧气主要转入煤气的 CO 和 CO_2 中。如图 5-23（d）所示，随着气化剂中氧浓度的增加，煤气中的 CO 和 CO_2 含量上升，导致氧气消耗也随之增加。氧气气化工艺中，当气化剂氧浓度由 21% 增加至 83% 时，氧气消耗由 $0.00m^3/m^3$ 上升至 $0.30m^3/m^3$；氧气蒸汽气化工艺中，随着氧浓度由 21% 上升至 100%，氧气消耗由 $0.00m^3/m^3$ 上升至 $0.32m^3/m^3$。此外，气化剂氧浓度相同条件下，由于氧气气化工艺所产煤气的 $CO+CO_2$ 含量比氧气蒸汽工艺的更高些，使得氧气气化工艺的氧气消耗也略高于氧气蒸汽气化的。

5.3.4　气化效率

气化效率是指煤气的高位发热量占原料煤高位发热量的百分率，是衡量气化工艺优劣的一项综合性技术指标。气化效率与煤气的热值、产率有关，当气化剂中氧浓度增加时，虽然煤气热值在上升，但煤气产率却下降，因此，气化效率的变化规律存在不确定性。

5.3.4.1 中梁山 UCG 试验的气化效率

基于热量衡算获得中梁山 UCG 试验各气化工艺的气化效率，详见表 5-9。结果表明，双炉联合运行空气-蒸汽连续气化的气化效率最低，为 74.64%，而单炉交替运行空气-蒸汽连续气化的气化效率最高，达到 90.59%，各工艺的气化效率保持着较高水平。这是因为煤层瓦斯在气化过程中大量涌出并掺入煤气，提高了煤气的热值和产率。

表 5-9 中梁山 UCG 试验不同气化工艺的气化效率 （%）

空气连续气化		空气-蒸汽连续气化		纯氧+CO_2连续气化	空气-蒸汽两阶段气化
双炉	单炉	双炉	单炉		
84.08	75.53	74.64	90.59	88.81	82.31

5.3.4.2 华亭 UCG 试验的气化效率

随着气化剂氧浓度的增加，华亭 UCG 试验两类气化工艺的气化效率总体呈先下降后上升的趋势，如图 5-24 所示。这是由于在气化剂氧浓度提高的初始阶段煤气产率下降占主导地位，抵消了煤气热值提高的作用，进而导致气化效率降低。随着气化剂氧浓度的进一步提升，煤气产率下降至一定程度后趋于稳定，但此时煤气热值仍在继续增加，使得气化效率又逐渐上升。氧气气化工艺的气化效率介于 52.28% ~ 77.21% 之间，而氧气蒸汽气化工艺的气化效率波动范围为 55.62% ~ 74.17%。所有气化工艺中，37% 富氧连续气化试验的气化效率最低，而空气连续气化试验的气化效率最高。

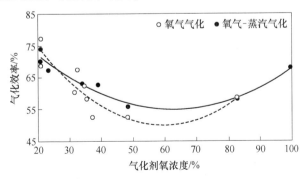

图 5-24 华亭 UCG 试验的气化效率随气化剂氧浓度的变化规律

6 燃空区围岩稳定性控制

除气化工艺外，燃空区围岩稳定性也会对地下气化过程产生重要影响。燃空区空间会在气化工作面的推进过程中产生横向和竖向扩展，即随着燃空区悬露顶板面积不断扩大，覆岩逐渐发生移动和破坏，进而引发地下水溃入、地表沉陷、煤气泄漏和产气不稳定等事故，不仅会影响地下气化过程的稳定性，而且还可能污染地下水，破坏地表及其构筑物。因此，燃空区围岩稳定性控制亦被视为地下气化过程控制的关键技术。

如前所述，国内外相关研究主要以长壁工作面为背景，研究范畴也主要集中在地下气化燃空区围岩的温度场、应力场以及覆岩变形破坏规律等方面，对于围岩稳定性控制理论与技术的研究则相对较少。地下气化工作面无人员和大型设备，采用条带式开采布置形式不仅有助于深部采场围岩稳定性控制，而且更能适应矿井残留煤块段形状不规则的特点。近年来，条带开采工艺已被成功应用于甘肃华亭[99]、贵州山脚树[103]和澳大利亚 Bloodwood Creek[62] 等国内外地下气化工业性试验，并被证实能有效控制地下气化引起的导水裂隙发育高度[104]。可见，合理的条带开采尺寸可以实现燃空区围岩的稳定性控制，但其尺寸参数的设计缺乏理论依据。而常规条带开采的采宽与留宽确定方法由于未考虑温度影响，故不适用于地下气化。虽然 Najafi 等[86]学者在考虑热-力耦合效应基础上提出了一种地下气化保护柱宽度的估算方法，但该方法在煤柱宽度影响因素和破坏准则选取等方面有待进一步改善，且不适用于窄煤柱的尺寸设计。为此，本章针对地下气化燃空区围岩处于高温和地应力耦合环境的特点，基于理论分析研究了燃空区顶板和煤柱体内的热-力耦合机制，并据此提出了地下气化条带开采采宽与留宽的确定方法。此外，为实现地下气化大规模开采情况下的围岩稳定性控制，设计了燃空区充填工艺，并提出了一种地下气化"条带+充填+跳采"开采工艺。

6.1 地下气化条带开采采宽与留宽确定方法

燃空区围岩的稳定性控制的目的主要有三个：（1）防止顶板大面积垮落，避免因冒落的岩块堵塞气化通道、紊乱炉内气流或阻碍气化剂与煤体接触而影响气化过程的稳定性；（2）防止垮落带或裂隙带沟通含水层，避免因地下水溃入气化炉、煤气泄漏或者污染物迁移而造成熄炉或者污染地下水源等事故；（3）防止气化区地表发生较大变形，避免因地下气化采动影响而诱发地质灾害。

传统条带开采的采宽和留宽尺寸通常通过经验方法获得，即采宽取 1/10~1/4 的采深，留宽取大于 2~5 倍的采厚[143]。该方法主要用于避免开采后地表出现波浪下沉盆地而呈现单一平缓的下沉盆地，但却无法确保地下气化燃空区覆岩和隔离煤柱的稳定性。地下气化过程中，燃空区围岩处于高温和地应力耦合作用环境中，采用传统单一应力场对其进行研究显然是不合理的，而是应该基于多场耦合理论研究地下气化高温-地应力耦合作用下围岩体的力学性能演化规律，并据此确定地下气化条带开采的合理采宽和采留设计方法。

6.1.1　地下气化的工作面与煤柱形态

在研究地下气化条带开采采宽与留宽前，需先确定地下气化的工作面与煤柱几何形态。地下气化的工作面与煤柱形态取决于燃空区扩展形式，与煤层厚度、顶板岩性、工作面宽度、气化通道位置、煤质和煤层倾角等因素密切相关，目前对于燃空区扩展形态尚无统一定论。华亭 UCG 试验采用矿井地质探测仪对地下气化炉燃空区范围进行了探测，结果表明燃空区范围在平面上呈中间大、两头小的纺锤状，并在气化炉倾向上端、倾向下端及走向左侧超出了设计边界[99]，如图 6-1 所示。Britten 等人[218]通过三维模拟和模型试验获得了燃空区的剖面形状，煤柱边界呈现中部凸出、顶底凹陷的形状，如图 6-2 所示。这主要是因为地下气

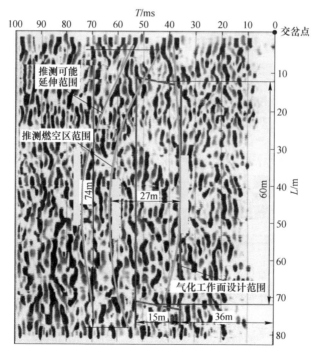

图 6-1　华亭 UCG 试验燃空区平面形状[99]

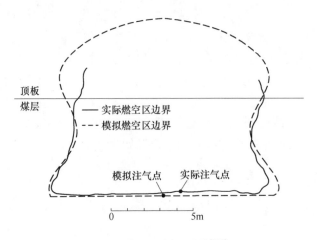

图 6-2　燃空区剖面形状[218]

化过程中煤柱体内产生水平热应力，使得煤柱朝两侧燃空区方向膨胀，但在临近顶底板界面处由于受到摩擦阻力限制而无法自由膨胀。此外，地下气化过程中，煤层气化后会在燃空区底部形成灰渣和煤焦，而顶板破碎、坍塌后产生的碎石又落在灰渣和煤焦之上。综上所述，地下气化燃空区与常规煤矿采空区在几何形态上差异较大，燃空区在煤层层面方向上形似纺锤状，剖面方向上则呈现中部凸出、顶底凹陷的形状，同时燃空区底部还有灰渣、煤焦和碎石等堆积物，如图 6-3（a）所示。考虑到燃空区边界为不规则曲面时，不利于数学建模及其求解，故需要对其进行合理简化。在整个气化过程中，若围岩在气化工作面的最宽部分与条带煤柱的最窄部分均能维持稳定状态，说明此时的采宽和留宽满足要求。因此，可将地下气化条带开采的燃空区与煤柱形态均简化为长方体，如图 6-3（b）所示。

6.1.2　地下气化条带开采采宽确定方法

燃空区顶板同时受到应力场和温度场的作用，为便于计算，可先对顶板进行常温状态下的应力分析，再单独分析计算热应力，然后进行应力叠加。

6.1.2.1　常规条带开采采宽确定

为维持条带工作面顶板的稳定性，应控制工作面长度小于其直接顶或老顶的极限跨距。常规条带开采工作面顶板三维空间模型可简化为平行于工作面方向的二维平面问题。同等情况下，由简支梁模型计算所得的极限跨距要比固支梁模型计算的小，而弯矩形成的极限跨距又要比剪切应力形成的小[165]。因此，为安全起见，采用简支梁计算，模型如图 6-4 所示。

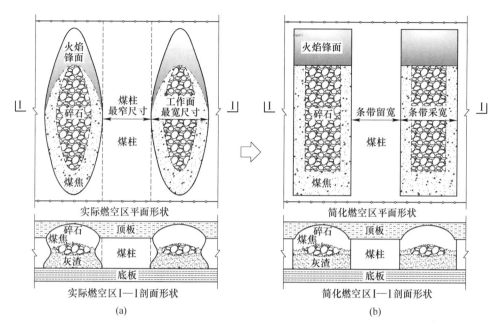

图 6-3　地下气化条带开采的工作面与煤柱形态简化

（a）实际燃空区形态；（b）简化燃空区形态

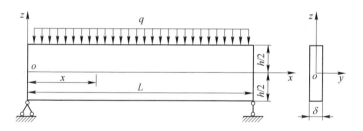

图 6-4　顶板简支梁模型

A　顶板应力分析

以最大拉应力作为岩层断裂的依据，此时，最大弯矩 M_{max} 发生在梁的中间，即

$$M_{max} = M_{x=L/2} = \frac{q\delta L^2}{8} \tag{6-1}$$

式中，M_x 为简支梁 x 点处的弯矩，$N \cdot m$；q 为岩梁所受的载荷，N/m；δ 为岩梁 y 轴方向的厚度，m；L 为岩梁长度，m。

已知梁所受到的最大弯矩 M_{max} 发生在梁的中间下边缘（$z = -h/2$），则该点的

最大拉应力 $\sigma_{\max}$ 为：

$$\sigma_{\max} = \frac{M_{\max}z}{I_y} = \frac{12M_{\max}z}{h^3\delta} = \frac{3qL^2}{4h^2} \tag{6-2}$$

式中，I_y 为对称中心轴的断面矩，m^4；h 为岩梁厚度，m。

　　B　顶板极限跨距

　　根据拉破坏准则，当 $\sigma_{\max} = R_t$，即岩层所受拉应力达到其极限抗拉强度时，将发生破坏，可得其极限跨距 L_{TT} 为：

$$L_{TT} = 2h\sqrt{\frac{R_t}{3q}} \tag{6-3}$$

式中，R_t 为顶板岩层极限抗拉强度，MPa。

　　综上所述，若要维持条带工作面直接顶的稳定性，条带采宽 W_e 应满足：

$$W_e \leqslant L_{TT} = 2h\sqrt{\frac{R_t}{3q}} \tag{6-4}$$

　　而若要保证条带工作面老顶或覆岩关键层不发生破断，还应考虑顶板垮落角对工作面长度的影响，即

$$W_e \leqslant L_{TT} + 2H_t\cot\psi = 2h\sqrt{\frac{R_t}{3q}} + 2H_t\cot\psi \tag{6-5}$$

式中，H_t 为顶板关键层下表面至煤层上表面距离，m；ψ 为顶板垮落角，一般取 $45° \sim 75°$。

　　计算条带工作面顶板极限跨距 L_{TT} 之前，需先确定顶板所受载荷 q。顶板任一岩层所受荷载包括其自重及其上覆邻近岩层产生的载荷。假设开采煤层直接顶控制其上部 n 层岩层，则其上部 n 层岩层将与第 1 层（直接顶）发生同步变形，形成 "组合梁"。将 n 层对第 1 层形成的载荷用 $q_{n,1}$ 表示，则有[165]

$$q_{n,1} = \frac{E_1 h_1^3 \sum\limits_{i=1}^{n}(\gamma_i h_i)}{\sum\limits_{i=1}^{n}(E_i h_i^3)} \qquad (i = 1, \cdots, n) \tag{6-6}$$

式中，h_i 为上部第 i 层岩层的厚度，m；γ_i 为上部第 i 层岩层的体积力，MN/m^3；E_i 为上部第 i 层岩层的弹性模量，MPa。

　　采用式（6-6）由下往上逐一计算上覆 n 层岩层对第 1 层的载荷 $q_{n,1}$，若计算至 $n+1$ 层时，若出现 $q_{n,1} < q_{n+1,1}$，说明第 $n+1$ 层岩层强度或厚度较大，对第 1 层所受载荷不起作用，则 $q_{n,1}$ 即为第 1 层岩层所受载荷大小。

6.1.2.2　地下气化条带开采采宽确定

　　先确定燃空区顶板内的温度分布规律，据此计算顶板岩层内的热应力；再与

常温状态下计算的拉应力进行叠加，通过叠加应力计算顶板的极限跨距；在此基础上确定地下气化条带开采的合理采宽。

A 顶板温度场

为掌握燃空区顶板内温度在空间和时间上的分布情况，先需确定不同时刻和位置处顶板下表面的温度。为便于计算，假设燃空区内充满各向同性介质，且除气化燃烧区外无其他热源，则燃空区围岩表面某一处温度可假设为时间 t 的线性函数 $T_{sp}(t)$：

$$T_{sp}(t) = T_f - kt \tag{6-7}$$

式中，T_f 为气化工作面的温度，对于不同气化工艺，其变化范围为 $800 \sim 1200℃$[141,151,175]；k 为燃空区温度分布函数斜率，$℃/s$，$k = (T_f - T_o)/t_r$，其中，T_o 为开切眼处围岩表面的最终冷却温度，$℃$，t_r 为气化工作面的总运行时间，d。

为简化计算，将燃空区上部所有岩层视为一无限厚顶板，则其内部温度 T_{ro} 关于距离 z 和时间 t 的分布函数为[219]：

$$T_{ro}(z, t) = (T_f - T_0)\, \mathrm{erfc}\!\left(\frac{z}{2\sqrt{at}}\right) - k\!\left(t + \frac{z^2}{2a}\right)\mathrm{erfc}\!\left(\frac{z}{2\sqrt{at}}\right) + kz\sqrt{\frac{t}{a\pi}}\, e^{-\frac{z^2}{4at}} + T_0$$

$$\tag{6-8}$$

式中，T_0 为岩层原始温度，$℃$；z 为覆岩某点至直接顶下表面的距离，m；a 为岩层的导温系数，m^2/s；t 为气化炉运行的时间，s；$\mathrm{erfc}(z)$ 为余误差函数，$\mathrm{erfc}(z) = \dfrac{2}{\sqrt{\pi}}\displaystyle\int_z^{\infty} e^{-z^2}\,dz$。

B 顶板热应力

顶板在气化工作面高温作用下，其内部将产生热应力 σ_x'[220]：

$$\sigma_x' = -\alpha E T(z) + \frac{1}{h}\int_{-h/2}^{h/2}\alpha E T(z)\,dz + \frac{6}{h^2}\int_{-h/2}^{h/2}\alpha E T(z)\,z\,dz \tag{6-9}$$

式中，α 为岩梁的线胀系数，$℃^{-1}$；E 为岩梁的弹性模量，MPa；$T(z)$ 为岩梁弯矩最大处的温变，$℃$。

式（6-9）中，第一项为因 z 轴方向温变导致 x 方向产生的热应力，第二项为假设距离梁端足够远处截面上产生一个近似均布的拉应力，第三项为当 $\theta(z)$ 对 x 轴不对称时产生的力矩，该式适用于梁端无约束的情况[220]。此处，简支梁两端受约束，即梁受热后无法沿 x 方向伸长，但能弯曲，故可略去第二项，则式（6-9）变为

$$\sigma_x' = -\alpha E T(z) + \frac{6}{h^2}\int_{-h/2}^{h/2}\alpha E T(z)\,z\,dz \tag{6-10}$$

因此，对于地下气化而言，燃空区顶板岩梁中间下边缘的最大拉应力 σ'_{max} 为

$$\sigma'_{max} = \sigma_{max} + \sigma'_x = \frac{3qL^2}{4h^2} - \alpha ET(z) + \frac{6}{h^2}\int_{-h/2}^{h/2}\alpha ET(z)z\mathrm{d}z \qquad (6\text{-}11)$$

C　顶板极限跨距

根据拉破坏准则，当 $\sigma'_{max} = R_t$ 时，即燃空区顶板最大拉应力达到其极限抗拉强度 R_t 时，顶板将发生破坏，可得燃空区顶板的极限跨距为

$$L_{IT} = 2h\sqrt{\dfrac{R_t + \alpha ET(z) - \dfrac{6}{h^2}\int_{-h/2}^{h/2}\alpha ET(z)z\mathrm{d}z}{3q}} \qquad (6\text{-}12)$$

综上所述，当要维持稳定的顶板距离煤层较近时，气化短壁工作面的长度 W_e 应满足

$$W_e \le L_{IT} = 2h\sqrt{\dfrac{R_t + \alpha ET(z) - \dfrac{6}{h^2}\int_{-h/2}^{h/2}\alpha ET(z)z\mathrm{d}z}{3q}} \qquad (6\text{-}13)$$

而当要维持稳定的顶板距离煤层较远时，应考虑顶板垮落角对工作面长度的影响，则有

$$W_e \le L_{IT} + 2H_t\cot\psi = 2h\sqrt{\dfrac{R_t + \alpha ET(z) - \dfrac{6}{h^2}\int_{-h/2}^{h/2}\alpha ET(z)z\mathrm{d}z}{3q}} + 2H_t\cot\psi$$

$$(6\text{-}14)$$

需要注意的是，式（6-14）中顶板极限抗拉强度 R_t、线胀系数 α、弹性模量 E 和载荷 q 等参数应考虑温度的影响。

6.1.3　地下气化条带开采留宽确定方法

地下气化条带煤柱尺寸确定方法的计算步骤是：首先，确定煤柱体温度场；然后，计算煤柱的极限强度和屈服强度；最后，确定煤柱的合理宽度。

6.1.3.1　煤柱体温度场

预掌握条带煤柱内温度在空间和时间上的分布情况，需确定煤柱表面的温度变化以及煤柱体内的温度场，将相应参数代入式（6-7）和式（6-8）即可获得煤柱体温度场。

6.1.3.2　极限强度

研究表明，地下气化燃空区周围煤体内的支承压力分布特征与常规采矿的相

似，从煤壁向煤体深部依次形成应力降低区、应力升高区（集中区）和原始应力区，但应力集中区范围和应力集中系数（平均增加21%）更大，且支承压力峰值位置与煤柱边缘之间的距离增大[86,93,219,221]。考虑到简化后的地下气化条带煤柱的几何形状和受力特征，可将其简化成平行于工作面方向的平面问题，并将煤柱概化为均匀、连续、各向同性的理想弹-塑性材料，煤柱力学模型如图6-5所示，则平面应变条件下统一强度理论的表达式为：[106]

$$\sigma_1 = M\sigma_3 + Y \tag{6-15}$$

其中　　　　$M = \dfrac{(2+b)+(2+3b)\sin\varphi}{(2+b)(1-\sin\varphi)}$；$Y = \dfrac{4(1+b)c\cos\varphi}{(2+b)(1-\sin\varphi)}$

式中，b 为统一强度理论参数，其值范围为 $[0, 1]$；φ 为煤柱的内摩擦角，（°）；c 为煤柱的黏聚力，MPa。

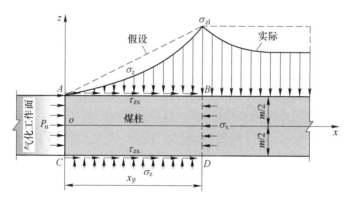

图6-5　条带煤柱的力学模型

统一强度理论参数 b 为反映中间主剪应力作用的权系数，其值与材料的单轴抗拉强度 σ_t、单轴抗压强度 σ_c 和剪切强度 τ_o 之间的关系为[222,223]：

$$b = \frac{(\sigma_c + \sigma_t)\tau_o - \sigma_c\sigma_t}{(\sigma_t - \tau_o)\sigma_c} \tag{6-16}$$

通过 b 取不同值，统一强度理论可变换为 Wilson、Mohr-Coulomb（M-C）、广义 Matsuoka-Nakai（M-N）、广义 Lade-Duncan（L-D）和外接圆 Drucker-Prager（D-P）等强度准则，以适应不同材料[107]。例如，$b=0$ 时，统一强度理论变换为 M-C 准则，而当 $b=1$ 时，其又可变换为双剪应力强度理论[222,224]。通过对上述各类强度准则对比研究发现，条带煤柱设计应优先选用广义 M-N 准则或广义 L-D 准则[107]。而广义 M-N 准则的计算结果与统一强度理论参数 b 取 0.5~1.0 时的结果相接近[106]。

在煤柱屈服区（$0<x<x_p$）内，最小应力 σ_3 应为垂直于煤壁的水平应力，其

数值由外向内逐渐增大，且在屈服区与核心区交界 $x = x_p$ 处达到最大。理论上，σ_3 由煤柱体内支承压力引起的水平应力和水平热应力叠加构成。但由于煤柱中部在水平方向的膨胀程度大于顶板附近的，使得煤体内 x 相同的面上水平热应力由顶底板界面（$z = \pm m/2$）向中间（$z = 0$）逐渐减小[225]。考虑煤柱体内的水平热应力（压应力）是提升其强度的，为便于计算，可忽略水平热应力的影响，即将 σ_3 简化为煤柱体内支承压力引起的水平应力。将其代入式（6-15），即基于统一强度理论的条带煤柱极限强度 σ_{zl} 为：

$$\sigma_{zl} = M\lambda k\gamma H + Y \tag{6-17}$$

式中，γ 为岩层的体积力，MN/m^3；H 为煤层埋深，m；λ 为煤体侧压系数，$\lambda = \mu/(1-\mu)$；μ 为煤体泊松比。

6.1.3.3　屈服宽度

如图 6-5 所示，煤柱塑性区 ABCD 为应力极限平衡区，当塑性区内的煤体受挤压发生形变时，在煤层与顶底板交界面上产生剪应力 τ_{zx}。若不考虑煤层自重，同时设煤层仅受上覆岩层重力作用，由于剪切破坏面平行于煤层侧面，故条带煤柱受力关于 x 轴对称。煤层界面应力应满足应力极限平衡条件，则在不计体积力的情况下，用以求解极限平衡区界面应力的基本方程为[105]：

$$\begin{cases} \dfrac{\partial \sigma_x}{\partial x} + \dfrac{\partial \tau_{zx}}{\partial z} = 0 \\[2mm] \dfrac{\partial \tau_{zx}}{\partial x} + \dfrac{\partial \sigma_z}{\partial z} = 0 \\[2mm] \tau_{zx} = -(\sigma_z \tan\varphi_0 + c_0) \end{cases} \tag{6-18}$$

式中，φ_0 为煤层界面的内摩擦角，（°）；c_0 为煤层界面的黏聚力，MPa。

边界条件为：

当 $x = 0$ 时，　$\sigma_x = P_u$，$\sigma_z = \lambda P_u + \dfrac{\alpha(T) E(T) \Delta T(0, t)}{1 - 2\mu(T)}$

当 $x = x_p$ 时，　　　　　　$\sigma_x = \lambda \sigma_{zl}$，$\sigma_z = \sigma_{zl}$

式中，P_u 为气化炉内压力，MPa。

利用边界条件和 x 轴（$0 \leqslant x \leqslant x_p$）方向的整体受力平衡条件，可确定煤柱应力极限平衡区范围内的煤层界面应力，见式（6-19），具体推导过程可参见文献[105]。

$$\begin{cases} \sigma_z = \left(\dfrac{c_0}{\tan\varphi_0} + \dfrac{P_u}{\lambda} \right) e^{\frac{2\tan\varphi_0}{\lambda m}x} - \dfrac{c_0}{\tan\varphi_0} \\[3mm] \tau_{zx} = -\left(c_0 + \dfrac{P_u}{\lambda}\tan\varphi_0 \right) e^{\frac{2\tan\varphi_0}{\lambda m}x} \end{cases} \tag{6-19}$$

根据 $x = x_p$ 时的边界条件以及式（6-19），可求得条带煤柱的屈服宽度 x_p 为：

$$x_p = \frac{\lambda m}{2\tan\varphi_0}\ln\left(\frac{\sigma_{zl} + \dfrac{c_0}{\tan\varphi_0}}{\dfrac{P_u}{\lambda} + \dfrac{c_0}{\tan\varphi_0}}\right) \tag{6-20}$$

将式（6-17）代入式（6-20），可得基于统一强度理论的条带煤柱屈服宽度 x_p 为：

$$x_p = \frac{\lambda m}{2\tan\varphi_0}\ln\left(\frac{M\lambda k\gamma H + Y + \dfrac{c_0}{\tan\varphi_0}}{\dfrac{P_u}{\lambda} + \dfrac{c_0}{\tan\varphi_0}}\right) \tag{6-21}$$

6.1.3.4 煤柱宽度

A 煤柱极限载荷 P_{ul}

如图6-6所示，在煤柱纵向方向取单位长度，假设塑性区煤柱应力从最外侧零线性增大至核区煤柱的极限强度 σ_{zl}，核区内极限强度 σ_{zl} 保持不变。若不存在温度影响，条带煤柱所能承受的极限载荷 P_{ul} 为[106]：

$$P_{ul} = \frac{1}{2}x_p\sigma_{zl} \times 2 + (W_p - 2x_p)\sigma_{zl} = (W_p - x_p)\sigma_{zl} \tag{6-22}$$

式中，W_p 为条带煤柱宽度，m。

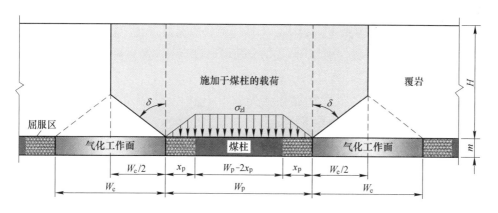

图6-6 条带煤柱的应力分布与所受载荷

地下气化开采过程中，煤柱体内会产生的垂直热应力 σ_T，其大小为[225]：

$$\sigma_T = \frac{\alpha_1(T_1)E_1(T_1)\Delta T_1(x,\ t)}{1 - 2\mu_1(T_1)} \tag{6-23}$$

式中，$\alpha_1(T_1)$ 为煤体线胀系数，K^{-1}（随温度 T 变化，下同）；$E_1(T_1)$ 为煤体弹性模量，MPa；$\Delta T_1(x, t)$ 为煤体的温变，K；$\mu_1(T_1)$ 为煤体泊松比，无量纲；t 为气化工作面运行时间，s；T_1 为煤柱体内的温度，℃。

煤柱体内垂直热应力会对顶板产生支撑作用，则地下气化过程中，煤柱所能承受的极限载荷 P_{ul} 为：

$$P_{\mathrm{ul}} = (W_{\mathrm{p}} - x_{\mathrm{p}}) \sigma_{\mathrm{zl}} + 2 \int_0^{W_{\mathrm{p}}/2} \frac{\alpha_1(T_1) E_1(T_1) \Delta T_1(x, t)}{1 - 2\mu_1(T_1)} \mathrm{d}x \tag{6-24}$$

B　煤柱承受载荷 P_{al}

煤柱上方的载荷源自煤柱上覆岩层重量及煤柱两侧燃空区悬露岩层转移到煤柱上的部分重量，如图 6-6 所示，则煤柱上的总载荷 P_{al} 为：

$$P_{\mathrm{al}} = \left[(W_{\mathrm{p}} + W_{\mathrm{e}}) H - \frac{W_{\mathrm{e}}^2 \cot\delta}{4} \right] \gamma \tag{6-25}$$

式中，W_{e} 为条带的开采宽度，m；δ 为燃空区上覆岩层垮落角，(°)。

考虑到条带开采燃空区顶板不会发生大面积垮落现象，故可假设条带开采后燃空区顶板的一半重量全部转移至相邻煤柱上，若不存在温度影响，此时煤柱上的荷载 P_{al} 为[106]：

$$P_{\mathrm{al}} = \left(W_{\mathrm{p}} + 2 \times \frac{1}{2} W_{\mathrm{e}} \right) \gamma H = (W_{\mathrm{p}} + W_{\mathrm{e}}) \gamma H \tag{6-26}$$

地下气化过程中，气化工作面的温度会传至直接顶体内，并在顶板中产生热应力。热应力是由于发热物体受外力约束而无法自由膨胀引起的[225]，而燃空区顶板热应力主要源于覆岩重力约束导致，假设煤柱的宽度足以确保其接触顶板不发生明显位移，则除覆岩重力载荷外，直接顶热应力对煤柱不产生额外的载荷。因此，在地下气化过程中煤柱所承受的载荷可通过式（6-26）确定。

C　煤柱宽度 W_{p}

为维持煤柱稳定，须保证煤柱承受载荷 P_{al} 小于其极限载荷 P_{ul}，联立式（6-24）和式（6-26），得

$$W_{\mathrm{p}} \geqslant \frac{\sigma_{\mathrm{zl}} x_{\mathrm{p}} + \gamma H W_{\mathrm{e}} - 2 \int_0^{W_{\mathrm{p}}/2} \frac{\alpha_1(T_1) E_1(T_1) \Delta T_1(x, t)}{1 - 2\mu_1(T_1)} \mathrm{d}x}{\sigma_{\mathrm{zl}} - \gamma H} \tag{6-27}$$

将式（6-17）和式（6-21）代入式（6-27），同时考虑一定的安全系数 n，即得基于统一强度理论的条带煤柱宽度 W_{p} 为：

$$W_{\mathrm{p}} = \left\{ \frac{\lambda(T_1) m}{2\tan\varphi_0(T_1)} [M(T_1)\lambda(T_1) k\gamma H + Y(T_1)] \ln \left[\frac{M(T_1)\lambda(T_1) k\gamma H + Y(T_1) + \frac{c_0(T_1)}{\tan\varphi_0(T_1)}}{\frac{P_{\mathrm{u}}}{\lambda(T_1)} + \frac{c_0(T_1)}{\tan\varphi_0(T_1)}} \right] + \gamma H W_{\mathrm{e}} - 2 \int_0^{W_{\mathrm{p}}/2} \frac{\alpha_1(T_1) E_1(T_1) \Delta T_1(x, t)}{1 - 2\mu_1(T_1)} \mathrm{d}x \right\}$$

$$\Big/ \left[\gamma H(M\lambda k - 1) + Y \right] \cdot n \tag{6-28}$$

式中，n 为安全系数，一般取 1.2~1.5。

式（6-17）、式（6-21）和式（6-28）即为基于统一强度理论的地下气化条带煤柱的极限强度 σ_{zl}、屈服宽度 x_p 和留设宽度 W_p 的统一计算公式。

6.2 燃空区充填工艺

地下气化开采会引起燃空区围岩尤其是覆岩的应力状态、岩石强度、裂隙结构等发生改变，进而造成采动损害。因此，地下气化采动损害致因链的源头关键环节是其支撑条件发生改变。而地下气化燃空区充填工艺正是为上覆岩层提供三维强力充填体支撑条件，是从源头治理其采动损害的有效技术途径。此外，地下气化过程中燃空区形成含有机污染物（焦油、苯、萘、酚等）和有害微量元素（Zn、Cd、Pb、As 等）的灰渣。经地下水的浸泡和淋溶后，部分有毒有害物质会溶解到水中，再由燃空区边壁围岩基质传导和导水裂隙带对流扩散到邻近的含水层中，从而引起地下水的污染。燃空区充填不仅能够包裹、凝固灰渣及其他有害物质，而且能够封堵围岩裂隙，从固结扩散源头和封堵扩散通道两方面来综合来防治燃空区污染物的迁移和扩散问题。因此，为保护气化区的地表生态环境和地下水资源，促进地下气化绿色开采，本节研究设计了一种燃空区充填工艺。

6.2.1 充填工艺选择

6.2.1.1 地下气化燃空区充填工艺特点与材料要求

地下气化燃空区充填环境与常规采矿的采空区充填、巷帮充填不完全相同，其材料要求也不完全一样，其主要特点如下：

（1）充填空间环境温度较高。气化工作面的火焰锋面最高温度可达 1200℃左右，氧化带温度达 900℃以上，还原带温度为 600~1000℃，而干燥干馏带温度为 200~600℃[226]，气化工作面收作后需采取熄炉降温措施，对火区进行注销。但是，燃空区的降温规律是呈负指数规律衰减的，即从 1200℃降至 80℃时的温降速度快且易实现，但要进一步将温度由 80℃降至常温则难度较大，且过程漫长，期间燃空区顶板极有可能会因悬露时间过长而发生冒落，导致难以甚至无法充填，使充填意义大打折扣。因此，地下气化燃空区充填材料应能适应 80℃的较高温度环境，并保证其强度等特性不受较大影响。

（2）灰渣遗留燃空区。煤层气化后，灰渣遗留在燃空区，这一特性的优点在于既可实现灰渣的"零排放"，又能减少充填材料消耗量（可达 30%~60%）。但缺点在于灰渣中存在大量有害物质，若处理不当，极有可能引起邻近水体污染。因此，针对燃空区存在灰渣的这一特性，充填材料必须具有良好的胶结性和流动性，以达到容污、固污和填缝堵漏的效果。

（3）围岩结构存在烧变特性。地下气化过程中，高温会使燃空区围岩产生燃烧变质作用，通常会降低煤岩体的力学强度，理论上邻近燃空区表面围岩体的裂隙比常规采动的裂隙更为发育。因此，要求充填材料浆液具有流动性强、速凝性弱和早强性高等特性。

（4）充填空间封闭。常规井工开采充填工艺是在通风开放环境下进行的，而地下气化反应是在一个完全封闭的空间内进行的，且应满足"防漏、隔热、抗爆和排水"的要求。因此，燃空区充填是属于热空洞充填，充填体为三向应力状态，对于材料初凝和终凝强度要求相对较低，从而降低了材料配比成本和操作工艺要求。

（5）充填空间体积巨大。地下气化一般采用"采后充填"工艺，故一次性充填的燃空区体积巨大，单个气化工作面的燃空区体积可达数万甚至数十万立方米。随着地下气化产业化发展，生产规模扩大，单个燃空区空间体积还可能扩展至数百万立方米。因此，对充填设备的能力有一定的要求。

（6）充填灌注钻孔与注排气井兼容。为简化生产系统、降低充填成本，一般采用地下气化的注排气钻孔和管路系统作为充填钻孔和管路，故要求充填灌注钻孔与注排气井具有兼容性。

6.2.1.2   充填工艺选择

我国充填开采始于 20 世纪 50 年代，经过半个多世纪的研究和实践，形成了多种充填工艺，如图 6-7 所示。按照充填材料不同，充填工艺可分为水砂充填、矸石充填、膏体充填、似膏体充填、高水充填和超高水充填。水砂充填需消耗大量水资源，同时井下应开挖完整的脱水系统，无法用于无井式地下气化燃空区充填，且充填体强度极低，对燃空区灰渣无包裹和胶结作用。矸石充填成本低，但劳动强度大，充填率低，尤其对于近水平煤层的燃空区而言，充填效果难以保证，且无法防止燃空区污质扩散。膏体充填材料输送过程中似固体状整体移动，流动性差，需高压泵输送，容易堵塞管路，泵送充填一次性投资大，虽然能对燃空区灰渣进行胶结，但难以对围岩裂隙进行封堵。似膏体充填材料是基于膏体充填材料的改进产物，具有流动性好、可低压泵送、投资较低等特点，但对于燃空区围岩裂隙的封堵效果仍有待考证。高水和超高水材料的性能及充填工艺相似，只是水灰比有所不同，高水材料凭借其单浆流动性好易泵送、凝固时间短且易调节、固化体强度高且抗水侵蚀能力强、无害无毒利于环保、材料来源广成本低、工艺系统简单等优点，被广泛地应用于矿井采空区充填、巷道支护、封堵裂隙、注浆堵水、煤层注水封孔、U 型钢壁后充填以及防灭火等领域[227]。高水材料还可以和矸石、粉煤灰等工业废弃物复合进行胶结充填，以降低充填成本，采空区充填率可达85%以上[228]。性能方面，当充填环境温度低于160℃时，对高水材料的结构和强度影响较小。

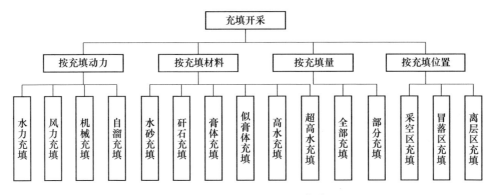

图6-7 充填开采方法分类[226]

综上所述，基于各类充填工艺的燃空区充填率、裂隙封堵效果、灰渣胶结能力和耐温性能等特性对比，认为地下气化燃空区适宜采用超高水充填工艺。一般情况下，将超高水材料浆液输送至工作面后，可通过以下两种方法将其保持在采空区并凝固：（1）利用超高水材料浆液良好的流动性令其自然流淌与漫溢，直至充满整个采空区；（2）通过管路将其导引至预先设置于采空区的封闭空间或袋包内，使其按要求形成固结体。根据这两种方法，结合现场充填工程实践，形成了开放式、袋式、混合式和分段阻隔式等4种超高水材料采空区充填的工艺与方法[228]。燃空区空间封闭，且由于采用条带开采，围岩的稳定性较好，故适宜采用开放式充填方法。为进一步降低充填成本，对于大倾角煤层燃空区，可先从上部排气钻孔通过风力充填的方式填入矸石，再充入高水材料；而对于倾角较小的煤层，可考虑先填水砂再充高水材料。

6.2.2 充填系统与工艺流程

本节介绍燃空区充填的生产系统、工艺流程和注浆钻孔结构。

6.2.2.1 生产系统

地下气化燃空区充填工艺系统主要由单料浆制备单元、料浆混合单元、混合料浆输送单元、混合料浆灌注单元及燃空区填充单元等五个单元组成。其中，单料浆制备单元由A、B两条生产线组成，料浆混合单元由混合池与搅拌器组成，混合料浆输送单元由2台料浆输送泵（1备1用）与输送管路组成，混合料浆灌注单元由充填灌浆钻孔及管路组成，燃空区填充单元为料浆充填区域，即由四周围岩形成封闭的空间。

6.2.2.2　工艺流程

燃空区充填系统正常工作时，定量的水和 A、B 高水材料与分别通过水泵、专用螺旋输送机输送至 1、3 号或 2、4 号搅拌桶内（1、2 号搅拌桶用于 A 料浆生产，3、4 号搅拌桶用于 B 料浆生产，A、B 两条生产线操作参数相同），由于使用量较少，故采用人工输送的方式输送各自配合使用的 AA 料与 BB 料。搅拌均匀后，两种料浆由搅拌桶底部出口，依靠自重作用进入料浆混合单元，在搅拌器作用下，两种料浆充分混合。混合后的料浆经混合料浆输送单元及混合料浆灌注单元输送至燃空区填充单元。燃空区充填系统工艺流程和设备布置分别如图 6-8 和图 6-9 所示。

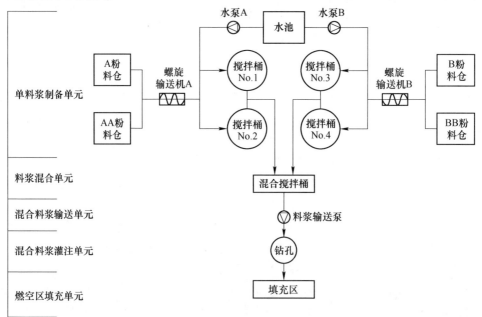

图 6-8　燃空区充填系统工艺流程

6.2.2.3　注浆钻孔结构

为降低投资，燃空区充填钻孔和管路一般直接采用地下气化的注排气钻孔和管路。因此，设计注排气钻孔时，除了满足注气要求外，还应考虑后期注浆需求。为此，确定燃空区充填注浆钻孔结构如下：

（1）注浆钻孔在邻近地表段的孔径应比内管大 100mm，便于加装防护套管，用于注水冷却煤气，并防止管路在地面出露处因腐蚀而损坏；其下部基岩段钻孔以能安装注气管为准。

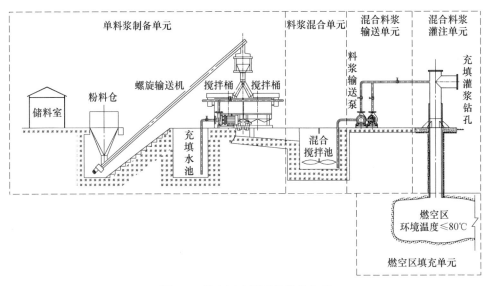

图 6-9　燃空区充填系统设备布置

（2）钻孔护管在表土冲积层段每隔 4m 布置一组防滑块，防滑块沿圆周方向均匀布置 4 块；注气外管在基岩段每隔 10m 布置一组防滑块，防滑块沿圆周方向均匀布置 4 块，防滑块采用为 50mm×100mm×10mm 钢板制作，防滑块与钢管之间焊接。

（3）注排气管与注浆管同心安装，且注排气管在外，注浆管在内；气化炉正常运行期间，注浆管可用于注蒸汽，充填期间则转为注浆用，从而实现内管的一管两用；注排气管与注浆管之间的环空间主要用于注入空气和氧气，或者排放煤气。

（4）钻孔护管与外部注气管上下端要用圆环钢板焊接加固。

（5）钻孔与外管空隙用砂浆填充密实。

燃空区充填注浆钻孔结构如图 6-10 所示。

6.2.3　燃空区充填体积

填充体积影响充填材料使用量及充填成本，与气化工作面设计尺寸、灰渣生成量、燃空区围岩移动变形量及燃空区充填率等因素密切相关。地下气化开采后，燃空区内会遗留有大量的灰渣；燃空区围岩在高温作用下物化性质发生变化并向燃空区内部移动；燃空区充填受"封闭孔洞"特性的影响存在一定的饱和度，即燃空区充填率。这些因素的存在，在一定程度上使得燃空区所需填充的空间体积减小。因此，单个燃空区的充填体积可按式（6-29）估算。

$$V = \left(\frac{Q\alpha}{\gamma_c} - \frac{Q\beta}{\gamma_a} \right) \eta_f \tag{6-29}$$

式中，V 为单个燃空区空间充填体积，m^3；Q 为单个气化条带的资源储量，Mt；γ_c 为煤的容重，t/m^3；α 为围岩移动变形影响系数；γ_a 为灰渣密度，t/m^3；β 为灰渣产率；η_f 为燃空区充填率，%。

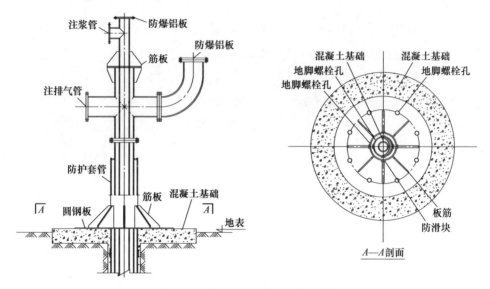

图 6-10　燃空区充填注浆钻孔结构

　　以上对地下气化燃空区充填生产系统和工艺流程进行了初步探讨，但未对适宜于燃空区高温环境的超高水材料的性质和特点进行介绍，目前关于超高水材料在较高温度下凝固特性的相关研究较少，有待进一步完善。上述内容仅对具有地下气化特点的关键部分进行了介绍，其他内容与常规采煤的采空区超高水充填工艺基本相同，在此不再赘述。

6.3　地下气化"条带+充填+跳采"开采工艺

　　对于一般工业性试验而言，气化开采规模较小（小于 5 万吨/a），即便是薄煤层，同时布置 3 个气化条带也可达产，这种条件下即使不进行燃空区充填，也可维持其围岩的稳定性。但是，当气化开采达到产业化规模时（大于 20 万吨/a），同时运行的气化条带数量骤增，而其邻近区域又难以实施燃空区充填时，这显然不利于地下气化的产业化推广。为此，本节提出了一种适用于地下气化大规模开采的方法——地下气化"条带+充填+跳采"开采工艺，如图 6-11 所示。该开采工艺的具体实施步骤如下：

　　（1）为实现"条带+充填+跳采"开采工艺，需同时布置两个气化工作面，即 10101 和 10103 气化工作面，每个工作面可布置 8 个气化条带，先掘进 10101 气化工作面的条带 1、3、5、7 的气流通道、气化通道和注排气钻孔，并在炉内安装点火、测控和管路等装置，完成后密闭气化炉，如图 6-11（a）所示。

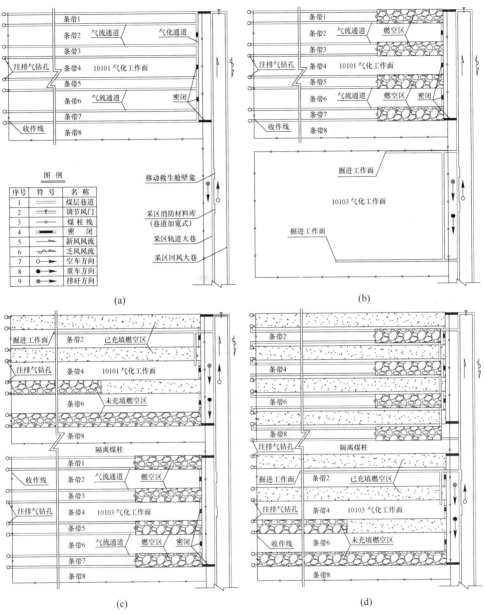

图 6-11 地下气化“条带+充填+跳采”开采工艺流程示意图

（2）运行 10101 气化工作面的条带 1、3、5、7，期间进行接替工作面的准备，掘进 10103 气化工作面的条带 1、3、5、7 的气流通道、气化通道和注排气钻孔，并安装点火、测控和管路等装置，这些工作需在 10101 气化工作面的条带

1、3、5、7 收作前完成，如图 6-11（b）所示。

（3）运行 10103 气化工作面的条带 1、3、5、7，期间对 10101 气化工作面的条带 1、3、5、7 燃空区分别进行充填，并掘进 10101 气化工作面的条带 2、4、6、8 的气流通道和气化通道，注排气钻孔利用原有钻孔，在炉内安装点火、测控和管路等装置，密封气化炉，所有工作需在 10103 气化工作面的条带 1、3、5、7 收作前完成，如图 6-11（c）所示。

（4）运行 10101 气化工作面的条带 2、4、6、8，期间对 10103 气化工作面的条带 1、3、5、7 燃空区分别进行充填，并掘进 10103 气化工作面的条带 2、4、6、8 的气流通道和气化通道，注排气钻孔利用原有钻孔，在炉内安装点火、测控和管路等装置，密封气化炉，所有工作需在 10101 气化工作面的条带 2、4、6、8 收作前完成，如图 6-11（d）所示。

（5）10101 气化工作面的条带 2、4、6、8 收作后，接着运行 10103 气化工作面的条带 2、4、6、8，此时需重新选择气化区作为 10101 和 10103 气化工作面的接替工作面，并按照重复上述（1）～（4）步骤，进行生产接续。

采用该方法可以实现地下气化大规模生产时的围岩稳定性控制，为地下气化产业化推广奠定技术基础。

7 残留煤地下气化工程设计

盘江矿区煤层普遍具有瓦斯压力大且含量高、煤质松软、煤层透气性低等特点，煤层瓦斯不易采前抽放，但采掘过程中瓦斯放散量大、放散速度快，再加上开采煤层地质条件复杂，煤与瓦斯突出灾害日趋严重，导致资源开采难度大、成本高、效益差，且存在极大的安全隐患，矿井长期难以达产。为探索贵州省高突煤层资源的安全开采和清洁利用路径，经调研和论证后，盘江集团于 2013 年提出在山脚树煤矿建设盘江高突煤层地下气化开发与综合利用产业示范工程（以下简称"盘江 UCG 试验"），作者作为主要设计人员参与了该项目的可行性研究和初步设计工作。本章基于第 5 章和第 6 章的研究成果，结合山脚树煤矿气化区的资源条件分析了 4 号煤层地下气化可行性，确定了盘江 UCG 试验的建炉方式、气化工艺、条带采宽与留宽等工艺方案与技术参数，并运用 COMSOL Multiphysics 对气化条带开采过程中燃空区围岩的温度场、应力场和变形规律进行了研究，为残留煤地下气化工程设计奠定了技术基础。

7.1 资源条件分析

经调研与论证，山脚树煤矿 4 号煤层采四区南翼被选定为盘江 UCG 试验首采区，其大致呈长方形，南北长约 2km，东西宽约 0.8km，面积 1.27km²，如图 7-1 中灰色部分所示，其中黑色区域为气化首采工作面所在位置。本节主要从地质构造、水文地质、煤层赋存条件、煤质特征、气化储量、开采技术条件和建厂条件等方面分析该项目资源条件的地下气化可行性。

7.1.1 地质构造

根据矿井地质报告，本井田构造复杂程度类型为中等复杂类型，其基本构造形态为一单斜构造，断层特别发育，褶曲构造不明显，未发现陷落柱和岩浆岩侵入体。气化首采区内构造复杂程度为简单，无褶皱和大型断层等构造存在，适宜地下气化。

7.1.2 水文地质

根据地质报告，山脚树煤矿 4 号煤层矿井水文地质条件属简单类型。井田内富水性较强的岩层自下而上有二叠系下统茅口组（P_1）和三叠系下统永宁镇组

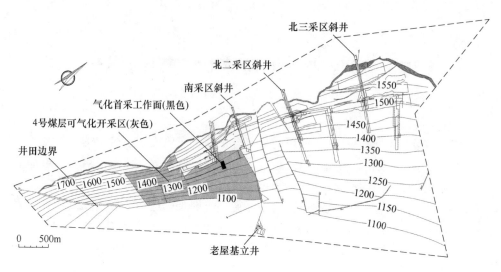

图 7-1　山脚树矿 4 号煤层可气化开采区边界与气化首采工作面位置

（T_{lyn}），其中前者位于 4 号煤层底板，两者距离超过 165m；后者位于 4 号煤层顶板，距离大于 120m，顶板含水层与 4 号煤层之间有一层厚约 20m 的良好隔水层。采用长壁开采全部垮落法裂隙带高度预计公式[143]，计算得 4 号煤层气化开采后燃空区覆岩的裂隙带高度最大为 20m，不会破坏顶板隔水层结构。4 号煤层气化过程中，工作面温度对顶板、底板的最大影响范围约为 10m，不会对顶板、底板含水层构成威胁。此外，根据矿井涌水量参数估算得气化采区的相对涌水量为 0.61m³/t，属地下气化可承受范围。综上所述，4 号煤层地下气化过程中的可能充水水源为采空区积水，但气化首采工作面邻近区域尚未进行采掘（如图 7-1 所示），故无采空区存在。为安全起见，在工程设计和建设过程中仍需以预防采空区积水为主，在建炉过程中加强超前钻探，同时确保气化区与地下水体间留设足够的防水煤岩柱。

7.1.3　煤层赋存条件

含煤地层为晚二叠世龙潭煤组，含煤地层总厚 244~268m，一般 250m，含煤 40~50 层，煤层总厚 29~40m，平均 33m，含煤系数 13.2%，其中含可采煤层 8 层，自上而下编号分别为 3 号、4 号、12 号、14 号、17 号、18 号、22 号和 24 号，总厚 12.94m，可采含煤系数 5.2%。该项目气化首采区拟开采 4 号煤层，该煤层距 3 号煤底板 6.46~10.3m，平均 8.32m，距 12 号煤顶板 40.57~79.71m，平均 58.76m。气化首采区生产水平为 +1360~+1420m，煤层埋深为 410~415m，平均倾角为 24°，厚度为 1.4~1.5m，气化区内赋存稳定。根据国内地下气化工程经验，适合地下气化的煤层赋存条件为：埋深 100~500m、厚度 1.2~12.0m、倾角 12°~65°、煤层赋存稳定。综上所述，4 号煤层的赋存条件适宜进行地下气化开采。

7.1.4 煤质特征

4 号煤层的原煤宏观特征以碎块状为主，质较硬，夹少量镜煤线理及少量丝炭，暗淡型，其煤种为气煤，煤质检测结果详见表 7-1。结果表明，4 号煤层煤质具有水分低、挥发分高、硫含量低、热值高、灰熔点高、热稳定差、黏结性强和反应性差等特点。一方面，水分低、挥发分高、硫含量低、灰熔点高、热稳定差等特性是有利于地下气化的。煤中少量的水分会被蒸发，并参与气化反应，产生氢气；挥发分高可以增加地下气化干馏过程中的 H_2 和 CH_4 等轻质烃类产量，提高煤气的热值；原煤含硫量低可降低地下气化煤气中的硫化合物含量，减轻粗煤气输送过程中管道的腐蚀，并降低煤气的脱硫成本；原煤煤灰成分中 SiO_2 和 Al_2O_3 含量合计达 93.52%，使得灰熔点超过 1500℃，说明气化过程中煤灰不易结渣，这有利于气化剂和新鲜煤体的接触；热稳定性较差的煤气化过程中易破碎，有助于地下气化反应的快速进行。而另一方面，原煤的黏结性强且反应性弱将对地下气化过程产生不利影响。黏结性强的煤受热分解后会产生胶质体，使煤

表 7-1 山脚树矿 4 号煤层原煤的煤质检测结果

检测项目		数值	检测项目	数值	检测项目	数值
工业分析/%	M_{ad}	1.18	K_2O	0.40	$P_b/\mu g \cdot g^{-1}$	22
	A_d	28.00	Na_2O	0.16	$Cl/\%$	0.038
	V_{daf}	32.27	SiO_2	71.46	$F/\mu g \cdot g^{-1}$	33
	焦渣特征	6	Al_2O_3	22.06	$Ge/\mu g \cdot g^{-1}$	0
	FC_d	48.77	Fe_2O_3	1.70	$Ga/\mu g \cdot g^{-1}$	8
全硫/%	$S_{t.d}$	0.16	CaO	0.79	$As/\mu g \cdot g^{-1}$	0
元素分析/%	O_{daf}	8.33	MgO	0.53	$U/\mu g \cdot g^{-1}$	2
	C_{daf}	84.50	SO_3	0.64	$Th/\mu g \cdot g^{-1}$	—
	H_{daf}	5.31	TiO_2	1.00	$V/\mu g \cdot g^{-1}$	6
	N_{daf}	1.63	MnO_2	0.012	灰熔融性/℃	DT	>1500
	P.d	0.006	结渣率/%	0.1m/S	8.3		ST	>1500
发热量/MJ·kg^{-1}	$Q_{b.ad}$	25.02		0.2m/S	10.1		HT	>1500
	$Q_{net.d}$	24.46		0.3m/S	12.4		FT	>1500
	$Q_{gr.d}$	25.27	视密度 ARD	1.48	自燃倾向	吸氧量/$cm^3 \cdot g^{-1}$	0.52
热稳定性	$TS_{+6}/\%$	61.80	真密度 TRD	1.54		自燃等级	Ⅱ类

体黏结成块状焦炭，从而阻碍煤层的正常气化，导致气化过程恶化；此外，气化原煤对二氧化碳的反应性较弱，$\alpha(1000℃)$ 仅为 25.95%，这不利于气化反应的高效进行，但当反应温度升至 1100℃ 时，α 出现大幅提高，达到 58.95%，如图 7-2 所示。综上所述，山脚树矿 4 号煤层原煤煤质总体适宜地下气化，对其存在的黏结性强和反应性弱的问题可通过提高气化剂氧浓度的方式来进一步改善。

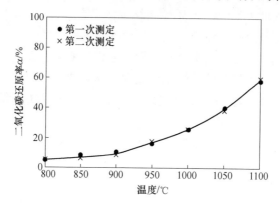

图 7-2　山脚树矿 4 号煤层原煤对二氧化碳的反应性曲线

7.1.5　气化储量

据估算，山脚树矿采四区南翼地下气化区域保有资源/储量为（$122b + 333$）384.80 万吨。根据《煤炭工业矿井设计规范》[229]（以下简称《规范》），矿井 4 号煤层总工业储量为 $111b + 122b + 333k$，可信度系数 k 取 0.9，则气化区的工业储量为 361.70 万吨。经计算，气化区的永久煤柱损失量为 32.26 万吨，则设计储量为 329.44 万吨。根据《规范》要求，将矿井设计储量减去工业场地及大巷保护煤柱损失，再乘以采区回采率（该项目气化采区的采出率为 80%），可得气化区设计可采储量为 263.55 万吨。若以规模化生产能力 20 万吨/a 计算，该项目的投资回收期约为 9.4a，则气化区的设计可采储量基本满足要求。

7.1.6　开采技术条件

山脚树矿 4 号煤层直接顶为 5.25m 粉砂岩和细砂岩互层，强度不高，煤层上覆近距离含水层富水性弱。由图 3-6 和表 3-8 可得，粉砂岩一般为半渗透至不渗透性岩石，基本符合地下气化对顶板密闭性的要求。考虑到直接顶强度较弱，为控制顶板裂隙发育高度，避免沟通第四系含水层和地表水，气化工作面宜采用短壁或者条带形式。4 号煤层为煤与瓦斯突出煤层，煤尘具爆炸危险性，不易自燃，地温正常，且无冲击地压现象，条件与中梁山北矿 K_3、K_4 煤层相似，故中梁山 UCG 试验的相关经验可为盘江 UCG 试验的安全建设和运行提供技术指导。综上所述，山脚树煤矿 4 号煤层的开采技术条件基本适宜地下气化开采。

7.1.7 建厂条件

盘江 UCG 试验地面化产区拟建于首采气化工作面地表北部区域，矿区内有红果至水城铁路干线和盘（县）水（城）公路通过，并设有一铁路车站台平田站，交通极为便利。矿区地处云贵高原中段的过渡性斜坡地带，地形地貌以高原山地为主、坡度较大，落差达 2000m，但化产区拟建区域的地势较为平坦，标高为 +1800～+1820m，这类地形条件对厂区建设为中等有利。该项目采用双回路电源供电，供电电压均为 6kV，分别引自老屋基洗煤厂和平田变电所，电源线采用架空电缆线路，电源充足可靠。厂区用水主要由老屋基污水处理站提供，水源地距离厂区仅 2km，通过管路供水，水源充足可靠。因此，该项目的交通运输、地形地貌、电源和水源等条件对厂区建设十分有利。

综上所述，山脚树矿 4 号煤层的各项资源条件中，地质构造、水文地质、煤质特征和建厂条件对盘江 UCG 试验项目的建设较为有利，煤层赋存条件、气化储量和开采技术条件也基本满足项目建设要求，因此，该项目资源条件的评价结果介于基本可行与可行之间，与第 4 章综合评价结果一致。

7.2 地下气化工艺方案选择

对比不同地下气化建炉方式和注气工艺的特点，结合该项目的资源条件和生产规模等情况，可确定适宜的建炉方式和注气工艺。

7.2.1 建炉方式

按建炉方式不同，地下气化可分为有井式与无井式两种，前者是通过人工井下掘进巷道的方式构筑地下气化炉；而后者采用特种技术在煤层中建立气化通道而构成地下煤气发生炉（也称地下气化炉），再利用钻孔使地下气化炉与地面联通，或者直接采用盲孔炉进行地下气化。建炉方式的选择，主要取决于气化煤层的赋存条件和已有井巷设施情况，同时兼顾投资成本和建设工期等因素。世界各国中，美国、苏联和澳大利亚等国开展的地下气化工程多采用无井式方法构建地下气化炉，而波兰和英国则以有井式地下气化为主[151]。

在我国，地下气化工业性试验项目大多建于衰老或者关闭矿井中，以回收残留煤资源，其井巷设施和辅助生产系统较为完善，故多采用有井式方法构筑地下气化炉。与此同时，我国也建设了少量无井式地下气化试验工程，例如，1960年进行的鹤岗地下气化试验，首先采用电力贯通方法建立了一个 10m 的通道，然后通过火力渗透法建立一个 20m 的通道（包括电贯通的 10m）[151]；1985 年，徐州马庄煤矿采用无井式地下气化技术,进行了盲孔式电点火和正反向燃烧贯通试验[150];而于 2007 年在内蒙古乌兰察布点火运行的地下气化试验项目,则采用的是定向钻进贯通技术开拓气化通道。

无井式地下气化常用的气化通道贯通方法有:火力渗透法、高压火力渗透法、电力贯通法、水力压裂法、定向钻进法、原子能爆破法和化学液破碎法等。上述方法中,定向钻进技术广泛地运用于石油工业中,后被推广到地下气化领域,并以其贯通速度快、距离长、方向性强等优点而被公认为最具发展前景的气化通道贯通技术,在国内外的无井式地下气化工程中应用较多,但该技术存在操作复杂、成本高等问题。考虑到该项目气化区的煤层埋深超过 400m,煤层厚度仅为 1.4~1.5m,但周边却拥有完善的井巷设施和辅助生产系统,所以采用有井式建炉方式在减少投资、缩短工期和提升建炉效果等方面更具优势。此外,井田范围内断层构造较发育,采用人工掘进巷道方式构筑气化炉可以准确控制气化区内的地质构造和水文地质等情况,便于采取针对性措施以确保项目稳定运行。综上所述,该项目适宜采用有井式地下气化。

7.2.2　注气工艺

7.2.2.1　注气工艺选择

地下气化常用的注气工艺有空气连续、空气-蒸汽连续、富氧(纯氧)连续、富氧(纯氧)-蒸汽连续、空气(富氧)-蒸汽两阶段等。地下气化注气工艺的选择应综合考虑煤层赋存条件、煤质、产气成本和产品方案等因素。根据第 5 章内容可知,一般情况下,空气连续和空气-蒸汽连续气化工艺简单、成本低,但所产煤气的 N_2 含量高(50%~60%)、热值低(<5MJ/m^3)、用途有限;空气(富氧)-蒸汽两阶段法可以产出富氢水煤气(H_2 含量大于 40%),但产气不连续,且工艺复杂(频繁切换注气工艺),不利于规模化生产;富氧(纯氧)连续气化工艺可连续生产热值较高的煤气,当气化剂中添加蒸汽后可进一步提高煤气的有效组分和热值。山脚树矿 4 号煤层的厚度较薄,会使得气化过程的热损失增大,进而导致炉温降低,加之 4 号煤层的煤质反应性较弱,这将严重影响所产煤气的品质。研究表明[175],增加气化剂中氧浓度能有效提高气化炉的温度,进而增强原煤的反应活性,提高煤气的有效组分含量和热值,以及气化过程的稳定性。综上所述,该项目适宜采用富氧-蒸汽连续气化工艺。

7.2.2.2　气化剂制备工艺及参数

富氧-蒸汽连续气化工艺的气化剂由空气、蒸汽和氧气构成,其中空气通过鼓风机注入,蒸汽通常由地面锅炉房供给,而氧气获取渠道多样,但不同渠道的气源稳定性、投资成本、产品浓度和运行能耗等存在较大差异，需经全面对比分析后决定。

A　制氧工艺选择

基于以往地下气化工业性试验经验，氧气的来源主要有罐装氧气和制氧设备制取两类方式，考虑到该项目的氧气需求量较大，罐装氧气难以保障气源稳定性，故选择制氧设备提供氧气。氧气的制取方法有水电解法、化学法和空气分离法等三种，工业上应用最多的为空气分离法，该法又可分为低温法、吸附法和膜分离法，而其中又以深冷空分法和变压吸附法技术最为成熟，应用也最为广泛。深冷空分法为传统工业制氧方法，而变压吸附法为近几年发展起来的新工艺，现针对盘江 UCG 试验所需制氧规模，从工艺过程、运行参数、技术指标、水电消耗、基建投资、经营成本、技术安全、占地面积、建设要求和操作维护等方面对两种制氧工艺进行比较，详见表 7-2。

表 7-2　深冷空分和变压吸附制氧工艺技术经济对比

工艺类别	深冷空分制氧	变压吸附制氧（VPSA）
分离原理	根据氧和氮沸点不同达到分离	利用氧氮吸附能力不同达到分离
装置特点	工艺流程复杂，设备较多	工艺流程简单，设备少
工艺特点	−160～−190℃低温下操作	常温操作
操作特点	启动时间为 15～40h，必须连续运转，不能间断运行，操作要求高	启动时间小于 30min，可连续运行，也可间断运行，操作要求低
维护特点	设备结构复杂，加工精度高，维修保养技术难度大，维护保养费用高	设备结构简单，维护保养技术难度低，维护保养费用低
土建安装	占地面积大，厂房和基础要求高，工程造价高，安装周期长	占地面积小，厂房无特殊要求，造价低，安装周期短
安全性	设备受压力容器规范控制。可造成碳氢化合物局部聚集，存在爆炸可能性	常温、低压操作，不受压力容器规范控制，不会造成碳氢化合物的局部聚集
设备采购费用	1.16（相对于 VPSA）	1
基建投资	1.5（相对于 VPSA，含设备采购费用）	1
电耗	0.5～0.75kW·h/m³（100% O_2）	0.35～0.39kW·h/m³（100% O_2）
水耗	0.07～0.13t/m³（100% O_2）	0.02t/m³（100% O_2）
成本	0.41～0.50 元/m³（100% O_2）	0.26 元/m³（100% O_2）
氧气浓度	99.6%	≤95%
副产品	可产氮气、氩气等副产品	无副产品

由表 7-2 可得，与深冷空分制氧相比，变压吸附制氧具有工艺流程简单、启动时间短、操作简单、维护容易、建造周期短、安全性好、投资少、能耗低等优

点，其中投资、能耗、成本等方面优势明显，单位制氧能耗和成本几乎仅为深冷空分的50%；而深冷空分工艺在技术成熟度、制氧规模、氧气浓度和副产品等方面更具优势。该项目建设和运行过程中无氮气和氩气需求，正常运行时的氧气需求量约为2800m³/h，且对于地下气化而言气化剂氧浓度并非越高越好，所以从经济和技术层面而言，制氧应该优先选择变压吸附法，而该工艺制取80%浓度的富氧经济性最好。综上所述，该项目采用变压吸附工艺制取氧浓度为80%的富氧作为氧气来源。

B　气化剂制备量

该项目设计年气化煤量为4.00万吨/a(5.00t/h)，产气规模为$2×10^5 m^3/d$。根据该项目的气化指标（见表4-6），可计算得项目正常运行时富氧、蒸汽和煤气的产量，但空气流量不确定。项目进入试生产阶段后，需视气化效果不断调整气化剂中的空气、氧气和蒸汽混合比例，且在气化炉冷态试验、点火阶段、制氧机检修时期、备炉时期均需向地下气化炉鼓入一定量的空气，但各阶段的空气需求量有所不同。若按日产$2×10^5 m^3/d$空气煤气规模计算空气需求量，则鼓风量应达到7000m³/h，详见表7-3。该项目最佳汽氧比、氧浓度等注气工艺参数需通过气化试验确定，本书不做进一步探讨。

表 7-3　盘江 UCG 试验的气化剂和煤气流量参数

气化煤量 /t·h⁻¹	气化剂			粗煤气（干）	
	空气 /m³·h⁻¹	80%富氧 /m³·h⁻¹	蒸汽① /kg·h⁻¹	流量 /m³·h⁻¹	低位热值 /MJ·m⁻³
5.00	7000	2796	4301	8130	8.82

①为120℃饱和水蒸气。

7.3　地下气化条带开采采宽与留宽的确定

本节基于第6章的研究成果，结合山脚树矿4号煤层的赋存条件，研究了地下气化热-力耦合状态下燃空区顶板和煤柱的力学性能演化规律，并确定了盘江UCG试验地下气化条带开采的合理采宽与留宽。

7.3.1　地下气化条带开采采宽

首先确定燃空区顶板温度分布规律，再计算顶板的极限跨距，最终确定地下气化条带开采的合理采宽。

7.3.1.1　计算参数

盘江UCG试验设计了3个条带气化工作面（同时开采）和2个煤柱，工作面推进长度为162m，日推进速度1.287m/d，年运行时间为8000h，可运行136d。其工程地质条件为：煤层平均厚度1.5m，平均埋深415m，直接顶底部为泥岩。气化首采工作面位于该矿4号煤层采四区南翼1043工作面的东北部，地下气化区钻孔柱状图如图7-3所示。其他工程地质、煤岩热物理及力学参数详见表7-4~表7-6。

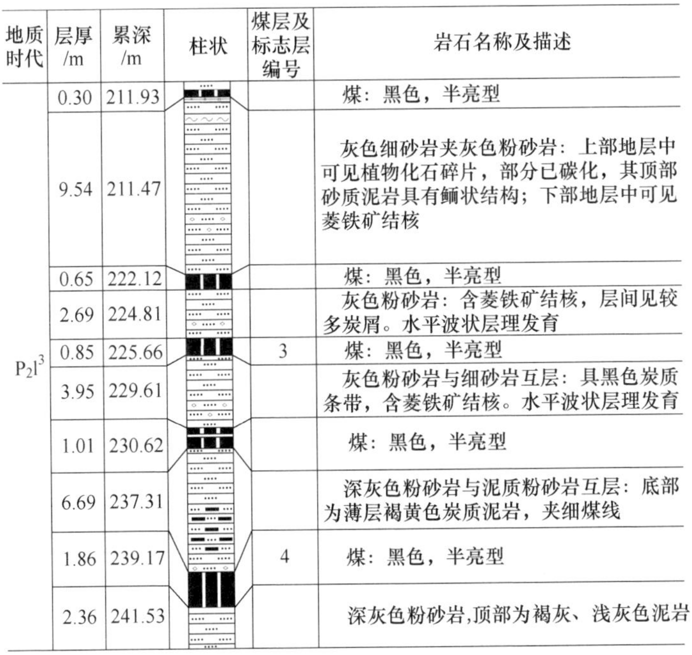

地质时代	层厚/m	累深/m	柱状	煤层及标志层编号	岩石名称及描述
	0.30	211.93			煤：黑色，半亮型
	9.54	211.47			灰色细砂岩夹灰色粉砂岩：上部地层中可见植物化石碎片，部分已碳化，其顶部砂质泥岩具有鲕状结构；下部地层中可见菱铁矿结核
	0.65	222.12			煤：黑色，半亮型
	2.69	224.81			灰色粉砂岩：含菱铁矿结核，层间见较多炭屑。水平波状层理发育
P₂l³	0.85	225.66		3	煤：黑色，半亮型
	3.95	229.61			灰色粉砂岩与细砂岩互层：具黑色炭质条带，含菱铁矿结核。水平波状层理发育
	1.01	230.62			煤：黑色，半亮型
	6.69	237.31			深灰色粉砂岩与泥质粉砂岩互层：底部为薄层褐黄色炭质泥岩，夹细煤线
	1.86	239.17		4	煤：黑色，半亮型
	2.36	241.53			深灰色粉砂岩，顶部为褐灰、浅灰色泥岩

图7-3　地下气化区钻孔柱状图

表7-4　山脚树矿4号煤层地下气化工程计算参数

顶板原始温度 T_0/℃	气化工作面温度 T_f/℃	气化结束顶板表面温度 T_{fc}/℃	气化炉总运行时间 t_r/d	顶板导温系数 a/m²·s⁻¹	顶板线胀系数 α/K⁻¹
25	800~1200	200	136	5.26×10^{-7}	9.0×10^{-6}

表7-5　山脚树矿4号煤层直接顶所受载荷计算参数

岩层编号	岩　性	容重 γ_i/kN·m⁻³	平均厚度 h_i/m	弹性模量 E_i/GPa	抗拉强度 R_i/MPa	$q_{i,1}$/kPa
1	粉砂岩和泥质粉砂岩	23.50	6.69	18.00	2.90	157.22
2	煤	14.80	1.01	2.60	1.00	172.08
3	粉砂岩和细砂岩	23.50	3.95	18.00	2.90	219.66
4	3号煤层	14.80	0.85	2.60	1.00	230.04

岩层编号	岩　性	容重 $\gamma_i/\text{kN} \cdot \text{m}^{-3}$	平均厚度 h_i/m	弹性模量 E_i/GPa	抗拉强度 R_i/MPa	$q_{i,1}$ /kPa
5	粉砂岩	23.50	2.69	18.00	2.90	267.99
6	煤	14.80	0.65	2.60	1.00	275.52
7	细砂岩和粉砂岩	23.50	9.54	18.00	2.90	137.74

表 7-6　粉砂岩和煤的热物理力学参数[98, 221]

参　数	粉　砂　岩	煤
抗拉强度 $R_t(T)/\text{MPa}$	$R_t(T) = (-0.0008T + 1)R_{t0}$	$R_t(T) = (-0.0008T + 1)R_{t0}$
弹性模量 $E(T)/\text{GPa}$	$E(T) = \dfrac{E_0}{59.76}(90.18252\text{e}^{-\frac{T}{59.83617}+0.37607})$	$E(T) = \dfrac{E_0}{14.35}(19.60109\text{e}^{-\frac{T}{199.23549}} - 1.54964)$
线胀系数 $\alpha(T)/\text{K}^{-1}$	$\alpha(T) = 8.559\dfrac{\alpha_0}{9.0} \times 10^{-6}\text{e}^{0.0024T}$	

注：表中 T 表示煤岩体中各点温度，R_{t0}、E_0 和 α_0 分别表示常温条件下煤岩的抗拉强度、弹性模量和线胀系数。

7.3.1.2　燃空区顶板温度场

将表 7-4 参数代入式（6-8）可计算得地下气化过程中顶板的温度场，运用 Mathematica 软件绘制了燃空区覆岩内不同时刻温度的分布曲线，如图 7-4 所示。

计算结果表明，随着气化工作面的推进，靠近直接顶下表面 0~3m 处岩体温度先迅速上升后逐渐下降，而 3~10m 处岩体温度则缓慢上升；对于不同气化工艺，虽然气化工作面的最高温度有所不同，但高温对顶板岩层的影响范围仅为 10m 左右。

7.3.1.3　燃空区顶板极限跨距

根据钻孔资料（见图 7-3），将表 7-5 中岩层力学参数代入式（6-6），可计算出不考虑温度作用条件下的上覆各岩层对 4 号煤层直接顶所形成的载荷，结果详见表 7-5。结果表明，4 号煤层直接顶所受载荷来自其上覆 5 层岩层（包含直接顶自身）。计算燃空区顶板的极限跨距时应考虑高温对煤岩物理力学特性的影响。由图 7-4 可得，地下气化高温在覆岩中的影响范围小于 10m，即仅对 4 号煤层上覆邻近的 3 层煤、岩层产生影响。燃空区顶板极限跨距计算式中涉及的受温度影响较大的物理力学参数包括抗拉强度 $R_t(T)$、弹性模量 $E(T)$ 和线胀系数 $\alpha(T)$。

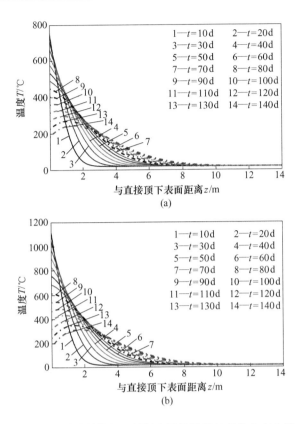

图 7-4 不同时刻燃空区顶板入岩体温度的变化分布曲线

（a）$T_f = 800℃$；（b）$T_f = 1200℃$

调研相关文献[98, 221]，获得了粉砂岩和煤相关参数随温度变化的拟合公式，详见表 7-6。

各岩层的温度是随时间变化的，其物理力学性质也随之改变。为简化计算过程，计算各岩层物理参数时，其温度直接取各层平均值（即中间值）；为减少顶板垮落程度，在计算顶板抗拉强度时，温度取其邻近下表面区域的温度值。因此，由式（6-8）可得直接顶（粉砂岩和泥质粉砂岩互层）下表面以及直接顶、煤、粉砂岩和细砂岩互层等三层岩层中间的温度关于时间的函数，分别为 $T_{ro}(0.2, t)$、$T_{ro}(3.35, t)$、$T_{ro}(7.20, t)$ 和 $T_{ro}(9.68, t)$。将各式代入表 7-6 中粉砂岩和煤的抗拉强度、弹性模量和线胀系数随温度变化的拟合公式，再将其代入式（6-6）、式（6-10）和式（6-12）中，可得到不同气化工艺条件下，燃空区直接顶的抗拉强度、载荷、热应力和极限跨距随时间的变化情况。采用 Mathematica 软件计算并绘制了不同气化工艺条件下燃空区直接顶的抗拉强度、载荷、热应力和极限跨距随时间的变化曲线，如图 7-5 所示。

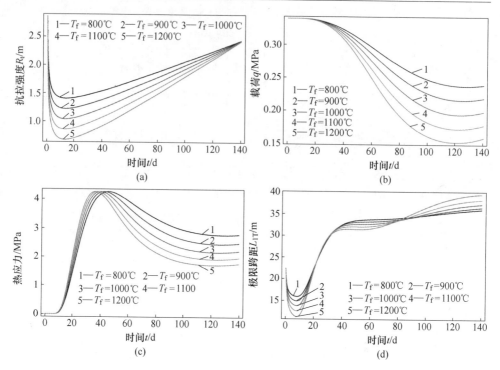

图 7-5　燃空区直接顶抗拉强度、载荷、热应力和极限跨距随时间的变化曲线

（a）抗拉强度；（b）载荷；（c）热应力；（d）极限跨距

由图 7-5 可得，对于不同地下气化工艺，随着气化工作面的向前推进，燃空区直接顶的抗拉强度先急速下降后缓慢上升，所承受的载荷一直呈下降趋势，热应力先快速上升后缓慢下降，三者的共同作用导致直接顶的极限跨距并非一个定值，而是呈现先小幅下降后急剧上升的变化规律。这是由于气化过程中，高温在损伤顶板结构同时会在岩体内形成水平热应力，前者会降低顶板岩层的抗拉强度，而后者相当于在顶板内部施加了一水平压应力能够提升其承载能力，二者轮流对直接顶的极限跨距起主导作用。在气化工作面运行的前期（$t<20d$），高温对直接顶的损伤占主导地位，导致其极限跨距有所减小；之后，随着直接顶下表面温度的下降，其内部温度不断上升，此时覆岩热应力逐渐占据主导地位，使得直接顶的极限跨距又迅速增大。

7.3.1.4　条带合理采宽

鉴于地下气化过程中燃空区顶板的极限跨距并非定值，为最大限度维持其顶板稳定性，地下气化条带开采的采宽应小于图 7-5（d）中直接顶极限跨距变化曲线的最小值，即地下气化条带开采的合理采宽不应超过 11m，考虑到气化工作面边界具有一定的外延性，应适当减小气化条带的设计采宽，故取 10m。

7.3.2 地下气化条带开采留宽

先确定地下气化过程中煤柱体的温度场变化规律，再计算煤柱的极限强度和屈服强度，在此基础上确定地下气化条带开采的合理煤柱宽度。

7.3.2.1 计算参数

由 7.3.1 节可知，盘江 UCG 试验条带开采的采宽为 10m，其他工程地质、煤岩热物理及力学参数详见表 7-7~ 表 7-9。

表 7-7 山脚树矿 4 号煤层地下气化工程计算参数

覆岩容重 $\gamma/kN \cdot m^{-3}$	煤层埋深 H/m	应力集中系数 k	煤层厚度 m/m	气化炉内压力 P_u/MPa	气化炉条带采宽 W_e/m	煤体原始温度 $T_0/℃$	煤柱表面最高温度 $T_{f0}/℃$	气化结束煤柱表面温度 $T_{fc}/℃$	气化炉总运行时间 t_r/d	燃空区冷却时间 t_c/d
25	415	2.2	1.5	0.15	10	25	1000	200	136	10

表 7-8 山脚树矿 4 号煤层的煤岩体物理力学参数

参 数	煤	煤层界面	泥岩
导温系数 $a/m^2 \cdot s^{-1}$	4.64×10^{-7}	—	5.26×10^{-7}
内摩擦角 $\varphi/(°)$	32	30	—
黏聚力 c/MPa	2.5	0.588	—
泊松比 μ	0.34	—	0.29
线胀系数 α/K^{-1}	8.76×10^{-6}	—	9×10^{-6}
弹性模量 E/GPa	2.6	—	8.6

表 7-9 山脚树矿 4 号煤层的煤及煤层界面热物理力学参数[221]

参 数	煤及煤层界面
内摩擦角 $\varphi(T)/(°)$	$\varphi(T) = (-0.0008T + 1)\varphi_0$
黏聚力 $c(T)/MPa$	$c(T) = (-0.0008T + 1)c_0$
泊松比 $\mu(T)$	$\mu(T) = \dfrac{\mu_0}{0.46}\left(0.48914 - 0.02839\dfrac{1}{1 + e^{\frac{T-307.54786}{15.61218}}}\right)$
线胀系数 $\alpha(T)/K^{-1}$	$\alpha(T) = \dfrac{\alpha_0}{3.76 \times 10^{-6}}(8.16875 \times 10^{-13}T^3 - 2.63778 \times 10^{-10}T^2 + 2.37379 \times 10^{-8}T + 3.31896 \times 10^{-6})$
弹性模量 $E(T)/GPa$	$E(T) = \dfrac{E_0}{14.35}(19.60109e^{-\frac{T}{199.23549}} - 1.54964)$

注：表中 φ_0、c_0、μ_0 分别表示常温条件下煤岩的内摩擦角、黏聚力和泊松比。

7.3.2.2　煤柱体温度场

将表7-7和表7-8中参数代入式（6-8），可得地下气化过程中煤柱内温度场分布规律，如图7-6所示。结果表明，随着气化工作面的推进，煤柱体内受温度影响的范围逐渐扩大，并在70d左右达到最大值8m。与此同时，煤体内的最高温度呈降低趋势，与表面距离大于2m的煤体温度始终低于250℃。气化过程结束后，虽然煤柱表面温度可以通过采取措施迅速降低至25℃并维持，但煤体内部的温度降低极为缓慢。当$t=340$d时，煤体内最高温度才降低至100℃，但此时煤体内受温度影响（$T\geqslant25$℃）的范围并未明显缩小。综上所述，虽然气化工作面的温度高达1000℃，但其对煤体的影响范围有限，尤其对于与表面距离大于2m的煤岩体物理力学特性影响较小，但在煤体内形成的温度及其影响范围在地下气化结束后的较长一段时期内仍会存在。

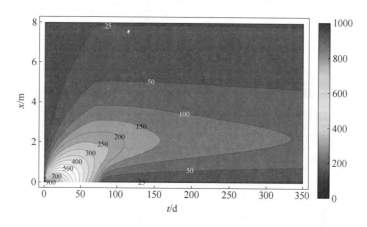

图7-6　地下气化过程中煤柱体内温度场分布规律（单位：℃）

7.3.2.3　煤柱极限强度

将计算参数代入式（6-17），得到煤柱的极限强度σ_{zl}随温度的变化曲线，如图7-7所示。结果表明，煤柱的极限强度受温度的影响极大，随着温度升高，煤柱极限强度由常温（$T=25$℃）时的46.09~57.53MPa（分别对应b取0和1，下同）降低至1000℃时的17.29~18.74MPa。但根据煤柱的温度场分布规律可知，地下气化过程中，煤柱体内的温度分布随时间和位置变化，因此气化温度对煤柱体各处的承载强度影响是不同的，且随时间变化。

根据假设条件（见图6-5），同时考虑煤在超过505℃温度条件下将丧失承载能力[221]，则煤柱体内各处自身的承载能力σ_{zp}可表示为：

$$\sigma_{zp} = \begin{cases} 0 & (505℃ \leqslant T_1) \\ \dfrac{x}{x_{p0}}\sigma_{zl} & (T_1 < 505℃), \ 0 \leqslant x < x_{p0} \\ \sigma_{zl} & (T_1 < 505℃, \ x_{p0} \leqslant x) \end{cases} \tag{7-1}$$

式中，x_{p0} 为不受温度影响条件下的煤柱屈服宽度，m。

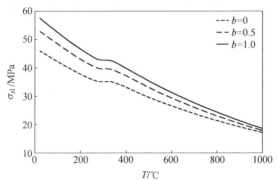

图 7-7   煤柱的极限强度 σ_{zl} 随温度 T 的变化规律

根据式（6-18），可计算得煤柱体内各处的承载能力随时间的变化规律，如图 7-8 所示。由图 7-8 可得，煤柱体极限强度为 46.09~57.52MPa。地下气化过程中，受高温影响，邻近煤柱表面区域的承载强度降低，气化工作面运行的前半阶段中煤柱承载强度衰减区域范围逐渐向深部扩大，从初始的 2.5m 处增加至 6~6.5m 处，t=70d 后衰减区域范围维持稳定，这一现象在气化结束后的较长一段时间没有发生明显改变。

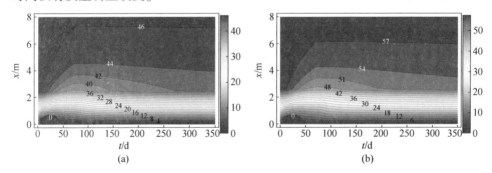

图 7-8   不考虑热应力时煤柱体各处承载强度随时间的变化规律（单位：MPa）

(a) b=0；(b) b=1

地下气化高温会使煤柱体内产生垂直方向的热应力，其大小随位置 x 和时间 t 变化，如图 7-9 所示。地下气化运行过程中（t=0~50d），高温使距离煤柱表面 0~1.5m 的区域形成一个月牙状的高热应力区，最高值达到 14.2MPa。在月牙包围的煤柱表面邻近区域，由于温度过高，导致煤柱弹性模量为 0，所以并未形成热应力。地下气化结束后，热应力的峰值迅速降低，但在煤体中存在的时间较长，且影响范围一直维持在距离煤柱表面6m左右的区域内。

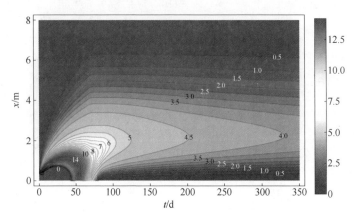

图 7-9　煤柱体垂直热应力随时间变化规律（单位：MPa）

煤柱体内垂直热应力为膨胀力，能提升煤柱的承载能力，因此在地下气化过程中，煤柱的实际承载能力 σ'_{zp} 应为：

$$\sigma'_{zp} = \begin{cases} \sigma_T & (505℃ \leqslant T_1) \\ \dfrac{x}{x_{p0}}\sigma_{zl} + \sigma_T & (T_1 < 505℃,\ 0 \leqslant x < x_{p0}) \\ \sigma_{zl} + \sigma_T & (T_1 < 505℃,\ x_{p0} \leqslant x) \end{cases} \tag{7-2}$$

根据式（7-2），可计算得考虑热应力时煤柱体各处承载强度随时间的变化规律，如图 7-10 所示。由图 7-10 可知，由于热应力叠加作用，使得煤柱的最大承载能力略有增强，为46.76~57.64MPa，煤柱承载强度衰减区域范围较未考虑热应力时的大幅度减小，且在后期又逐渐缩小。煤柱体内的垂直热应力虽然能提升其承载能力，但影响范围和程度相对有限，仅在地下气化运行前期（$t<50d$）对距离煤柱表面2m内的煤体承载强度提升较大。

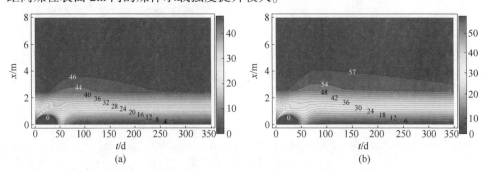

图 7-10　考虑热应力时煤柱体各处承载强度随时间的变化规律（单位：MPa）

（a）$b=0$；（b）$b=1$

7.3.2.4 煤柱屈服宽度

将计算参数代入式（6-21），可得煤柱屈服宽度 x_p 随温度的变化曲线，如图 7-11 所示。结果表明，随着温度的升高，煤柱的屈服宽度呈增加趋势，且当温度超过 700℃ 后，x_p 上升趋势加大。煤柱屈服宽度的初始值为 2.46~2.61m，由图 7-6 可知，$x>2m$ 区域的煤柱最高温度小于 250℃，结合图 7-11 可初步判断地下气化过程中 x_p 的变化范围为 2.4~3m。为进一步获得 x_p 精确值，需确定 x_p 关于时间 t 的函数解析式。在地下气化过程中，随着温度向煤体内部传导，当高温传至 $x=x_{p0}$（x_{p0} 为煤柱的屈服宽度初始值）处时，其极限强度降低，导致极限强度位置逐渐向煤柱深部转移，即 x_p 增加。因此，x_p 关于 t 和 T 的函数 $x_p(t，T)$ 曲线即为煤柱体温度场分布曲面 $T(x，t)$ 和煤柱屈服宽度 x_p 关于温度 T 的函数 $x_p(T)$（$b=0$ 和 $b=1$ 两个曲面）的交线，如图 7-12 所示。而 x_p 关于 t 的函数 $x_p(t)$ 曲线即为 $x_p(t，T)$ 在 xt 平面上的投影，如图 7-13 中的虚线所示。

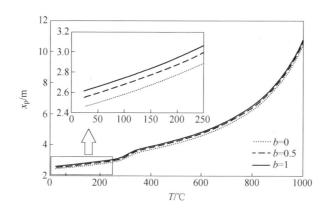

图 7-11　煤柱屈服宽度 x_p 随温度 T 的变化曲线

由图 7-13 中的虚线可知，地下气化过程中，煤柱的塑性区宽度 x_p 并非一个定值，在 0~79d 时间内，随煤体的温度升高，x_p 从初始值 2.46~2.61m（常温下的 x_p 值）持续增加至 2.74~2.88m，增加幅度为 10.3%~11.3%，之后随煤体温度降低而缓慢减小。但实际情况并非如此，由于塑性区一旦形成将不会再度恢复至弹性体，这就意味着 x_p 达到最大值后，会继续保持这一宽度，即使后期煤柱体内温度降低，x_p 也不会随之减小。因此，需要对函数 $x_p(t)$ 曲线进行修正，即如图 7-13 中的实线所示。

直接求解函数 $x_p(t)$ 的解析式难度较大，可通过曲线拟合方式获得 $x_p(t)$ 对应 b 取 0、0.5 和 1 时的近似解析式，分别为式（7-3）~式（7-5）。

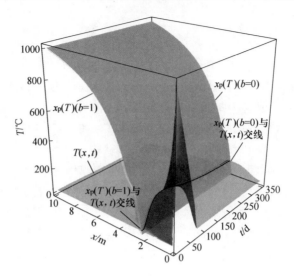

图 7-12　煤柱体温度场分布曲面 $T(x, t)$ 和函数 $x_p(T)$ 的交线

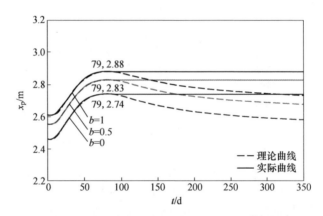

图 7-13　煤柱屈服宽度 x_p 随时间 t 的变化曲线

当 $b=0$ 时，

$$x_p(t)=\begin{cases} 2.4593-1.4405\times10^{-3}t+3.5527\times10^{-4}t^2-6.1642\times10^{-6}t^3+3.1297\times10^{-8}t^4 \\ \quad(0\leqslant t\leqslant79) \\ 2.7401 \quad(t>79) \end{cases}$$

$$(7-3)$$

当 $b=0.5$ 时，

$$x_p(t)=\begin{cases} 2.5536-1.7810\times10^{-3}t+3.4412\times10^{-4}t^2-5.7410\times10^{-6}t^3+2.8231\times10^{-8}t^4 \\ \quad(0\leqslant t\leqslant79) \\ 2.8275 \quad(t>79) \end{cases}$$

$$(7-4)$$

当 $b=1$ 时，

$$x_{\mathrm{p}}(t)=\begin{cases} 2.6100-1.9413\times10^{-3}t+3.3601\times10^{-4}t^2-5.4705\times10^{-6}t^3+2.6324\times10^{-8}t^4 \\ \quad (0\leqslant t\leqslant79) \\ 2.8799 \quad (t>79) \end{cases}$$

(7-5)

根据假设，煤柱极限强度 σ_{zl} 的位置位于 $x=x_{\mathrm{p}}$ 处，故可将式（7-3）~式（7-5）代入式（6-17），即得 σ_{zl} 关于时间 t 的函数 $\sigma_{\mathrm{zl}}(t)$，并绘制函数曲线，如图 7-14 所示。如图 7-14 中虚线所示，地下气化过程中煤柱自身的极限强度呈现先降低后上升趋势。当考虑煤柱体内垂直方向热应力影响时，煤柱极限强度的变化趋势则变为"上升→下降→上升"。主要原因是高温在损伤煤体、降低煤柱自身强度的同时，其产生的热应力会抵消部分载荷、提升煤柱体承载能力。在地下气化的不同阶段，由温度引起的热应力和煤体强度降低对煤柱极限强度影响轮流起主导作用。在气化工作面运行的前半阶段（$t<30\mathrm{d}$），以热应力为主导，而在后半阶段以及气化结束后，则以煤柱强度降低为主导。这正好解释了为何在地下气化过程中，煤柱体自身承载能力受高温影响下降的情况下，其所能承受的载荷却要高于常温时的，即出现气化工作面煤体内 $x=x_{\mathrm{p}}$ 处的应力集中系数高于常规采煤工作面的现象[86, 93, 219, 221]。

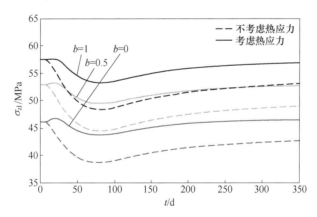

图 7-14　煤柱极限强度 σ_{zl} 随时间 t 的变化曲线

7.3.2.5　煤柱合理宽度

在获得煤柱温度场方程以及极限强度和屈服宽度的近似解析式后，将其带入式（6-28），即可得煤柱宽度 W_{p} 随时间 t 的函数 $W_{\mathrm{p}}(t)$ 曲线，如图 7-15 所示。由函数 $W_{\mathrm{p}}(t)$ 曲线可得，在地下气化运行期间，由于高温导致的热应力和煤体强度降低轮流起主导作用，使得 W_{p} 呈现"W"形波动，100d 后随着温度对煤柱的影响逐渐减小，W_p 呈现缓慢降低趋势。$W_p(t)$ 初始值 $W_p(0)$（煤柱体处于原始地温条件）为 5.38~6.08m，在 110d 左右达到最大值 5.73~6.39m，增加幅度为 5.1%~6.4%。若 W_p 取 8m，安全系数 n 为 1.25~1.40，满足要求。因此，建议山脚树矿 4 号煤层地下气化条带开采的煤柱留设宽度为 8m。

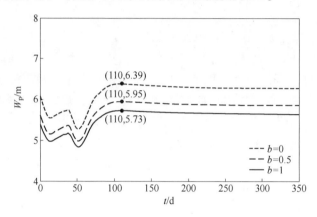

图 7-15　煤柱宽度 W_p 随时间 t 的变化曲线

7.4　地下气化条带开采数值模拟

COMSOL Multiphysics 被称为"第一款真正的任意多物理场直接耦合分析软件"，已在化学反应、流体动力学、热传导、多孔介质等众多领域得到了广泛的应用，近年来逐渐被运用到地下气化多场耦合问题研究[97, 100, 230~232]。本章借助 COMSOL Multiphysics 对盘江 UCG 试验地下气化条带开采后燃空区围岩的温度场、应力场和变形规律进行研究，并对气化条带开采和常规条带开采的围岩应力和变形特征进行了对比分析。

7.4.1　模型构建与参数选择

7.4.1.1　模型构建

为研究盘江 UCG 试验地下气化条带开采燃空区围岩的温度场、应力场和位移场的演化规律，以山脚树矿 4 号煤层首采气化工作面的工程地质条件为背景，依据 3402 钻孔（见图 7-3）数据，采用 COMSOL Multiphysics 建立了二维模型。根据实际工程情况，设计模拟 3 个条带工作面和 2 个条带煤柱的开采场景，采宽、留宽分别为 10m 和 8m，总宽度为 46m，为消除边界效应，同时考虑气化煤层上覆 40m 以上的岩层参数不详，确定模型的宽高尺寸为 200m(x)×70m(z)（煤层上约 40m、下部约 30m）。4 号煤层实际埋深为 415m，故在模型顶部施加了大小为 8.43 MPa 的垂直应力以模拟模型上覆 374m 岩层的重力，两侧边界设置为辊支承，同时施加大小为 $0.33\gamma H$ 的水平应力，约束模型底部的垂直方向位移。采用精细化的自由剖分三角形网格，燃空区邻近区域控制最大网格尺寸为 0.2m，随着与燃空区距离增加网格逐渐增大，如图 7-16 所示。

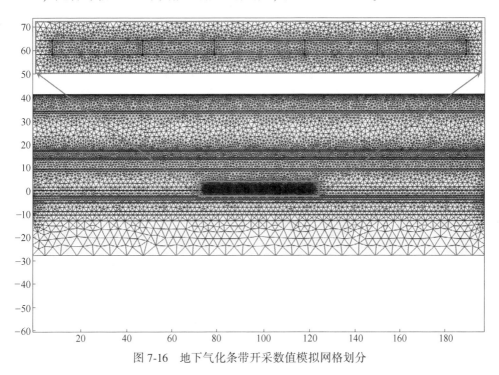

图 7-16　地下气化条带开采数值模拟网格划分

7.4.1.2　模型参数

该模型参数可分为煤岩常温物理力学参数和热物理性能参数。

A　煤岩常温物理力学参数

根据 3402 号钻孔资料显示，4 号煤层顶板岩层岩性主要可分为粉砂岩、泥岩、煤三类。各岩层厚度及岩性描述如图 7-3 所示，材料的常温物理力学参数详见表 7-10。

B　煤岩热物理性能参数

气化工作面温度高达 1200℃，随着工作面向前推进，燃空区内固定点处的温度会随之变化。为便于计算，假设燃空区二维平面上的温度 $T_{sp}(t)$ 为时间 t 的线性减函数，见式（6-7）。燃空区高温会对其邻近区域的顶底板和两侧煤体的相关物理力学参数产生显著影响，模型中砂岩和煤的弹性模量、泊松比、线胀系数、黏聚力、内摩擦角等物理力学参数随温度变化规律详见表 7-11。

表 7-10　数值模拟材料的物理力学参数

材料	弹性模量 /GPa	泊松比	密度 /kg·m⁻³	线胀系数 / K⁻¹	导热系数 /W·(m·K)⁻¹	恒容热容 /J·(kg·K)⁻¹	黏聚力 /MPa	内摩擦角 / (°)
粉砂岩	18	0.35	2350	9.00×10^{-6}	2.8	860	2.65	36
泥岩	8.6	0.29	2200	9.00×10^{-6}	2.7	850	2.60	35
煤层	2.6	0.34	1480	8.76×10^{-6}	0.25	910	2.50	32

表 7-11　粉砂岩和煤的热物理力学参数[98,221]

参　　数	粉　砂　岩	煤
弹性模量 $E(T)$/GPa	$E(T)=\dfrac{E_0}{59.76}(90.18252e^{-\frac{T}{59.83617}}+0.37607)$	$E(T)=\dfrac{E_0}{14.35}(19.60109e^{-\frac{T}{199.23549}}-1.54964)$
泊松比 $\mu(T)$	$\mu(T)=\mu_0 e^{-0.0018T}$	$\mu(T)=\dfrac{\mu_0}{0.46}\left(0.48914-0.02839\dfrac{1}{1+e^{\frac{T-307.54786}{15.61218}}}\right)$
线胀系数 $\alpha(T)$/K⁻¹	$\alpha(T)=8.559\dfrac{\alpha_0}{9.0}\times10^{-6}e^{0.0024T}$	$\alpha(T)=1.8999\times10^{-12}T^3-6.0749\times10^{-10}T^2+5.0877\times10^{-8}T+8.4805\times10^{-6}$
内摩擦角 $\varphi(T)$/(°)	$\varphi(T)=(-0.0008T+1)\varphi_0$	
黏聚力 $c(T)$/MPa	$c(T)=(-0.0008T+1)c_0$	

7.4.1.3　计算方案

模型以山脚树矿 4 号煤层首采气化工作面为原型,共设计了 3 个条带工作面(同时开采)和 2 个条带煤柱,采宽、留宽分别为 10m 和 8.0m,工作面推进长度为 162m,按日推进速度 1.287m/d 和年运行时间为 8000h 计算,首采气化工作面可运行 136d。分别模拟了常规条带开采和气化条带开采方案,二者区别在于:前者不考虑温度影响,后者考虑了温度对煤岩体物理力学参数的影响以及热应力的存在,即热-力耦合效应。

7.4.2　模拟结果与分析

采用 COMSOL Multiphysics 对地下气化条带开采过程中的温度场、应力场和位移场,以及常规条带开采的应力场和位移场进行了模拟,并对模拟结果进行了对比分析。

7.4.2.1 燃空区围岩温度场

模拟获得了地下气化条带开采过程中开切眼处围岩的温度场，如图 7-11 所示。结果表明，随着气化工作面向前推进，开切眼处围岩表面的温度迅速降低，围岩体内部约 2m 区域的温度先升高后降低，而围岩体内的温度传导范围一直呈现扩大趋势，最大影响范围为 10~12m，与理论计算结果基本一致。温度在顶板中的传导范围最大，两侧煤体次之，底板最小，但围岩体的最高温度一直位于底板。

气化过程不同阶段的温度场变化规律如下：

（1）$t=1d$（气化工作面运行 1 天时间，下同）时，地下气化炉点火后，燃空区围岩表面的温度迅速升至 1200℃，但由于时间较短，温度在围岩体内传导的范围有限，如图 7-17（a）所示。

（2）$t=20d$ 时，开切眼处围岩表面温度降低 1000℃ 左右，但其邻近区域的煤岩体温度逐渐升高，顶板内温度传导范围扩大至 5m，底板内扩大至 3m，如图 7-17（b）所示。

（3）$t=40d$ 时，围岩表面温度降低至约 900℃，其邻近区域的煤岩体温度继续升高，顶板内温度传导范围扩大至 7m，底板内扩大至 5m，如图 7-17（c）所示。

（4）$t=60d$ 时，围岩表面温度降低至 760℃ 左右，顶底板内的温度传导范围无明显变化，但两侧煤体内温度传导范围显著扩大，如图 7-17（d）所示。

（5）$t=80d$ 时，围岩表面的温度降低至 620℃ 左右，顶底板内的温度传导范围仍无明显变化，但围岩体最高温度出现在距离底板表面 0.5~2.0m 范围内，约为 640℃，两侧煤体内温度传导范围进一步扩大，如图 7-17（e）所示。

（6）$t=100d$ 时，围岩表面的温度降低至 470℃ 左右，顶底板和两侧煤体内的温度传导范围均有所扩大，围岩体内最高温度降低至 550℃，位置向底板深处转移，如图 7-17（f）所示。

（7）$t=120d$ 时，围岩表面温度降低至 330℃ 左右，顶底板和两侧煤体内的温度传导范围继续扩大，围岩体内最高温度降低至 440℃，如图 7-17（g）所示。

（8）$t=136d$ 时，气化工作面推进至收作线位置，开切眼处围岩表面温度降低至 200℃ 左右，岩体内部最高温度降低至约 370℃，此时围岩内温度的传导范围扩大至 10~12m 左右，如图 7-17（h）所示。

7.4.2.2 条带开采主断面围岩应力场

A 垂直应力

模拟获得了地下气化条带开采和常规条带开采主断面围岩垂直应力场，如图

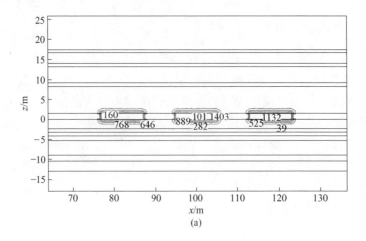

(a)

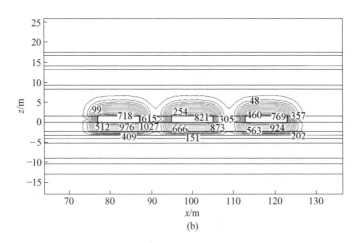

(b)

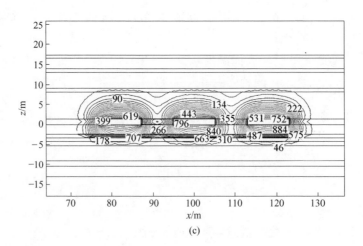

(c)

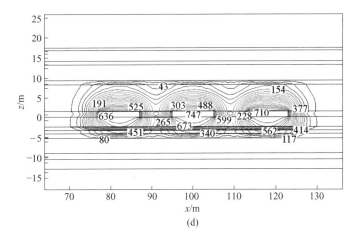

(d)

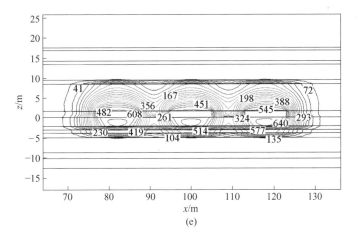

(e)

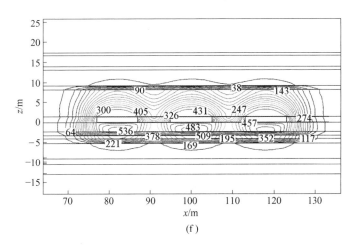

(f)

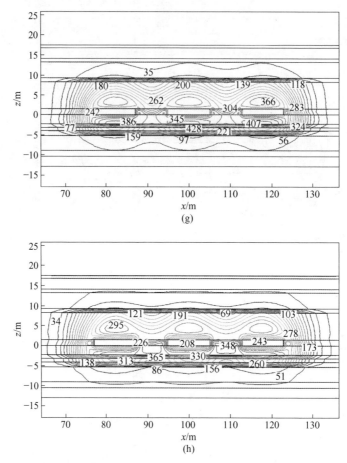

图 7-17　地下气化条带开采开切眼处围岩温度场的变化规律（单位：℃）

(a) $t=1$d；(b) $t=20$d；(c) $t=40$d；(d) $t=60$d；(e) $t=80$d；(f) $t=100$d；(g) $t=120$d；(h) $t=136$d

7-18 所示。结果表明，常规或者气化条带开采过程中，煤柱及其顶底板区域所承受的垂直应力要高于其他区域的，且在巷帮与顶底板的交界处形成应力集中区。地下气化煤柱所受垂直应力要明显高于常规条带开采的，这是由于燃空区围岩在高温作用下，内部受热膨胀形成热应力（压应力），能够对上覆岩层起到主动支撑作用，进而导致这部分煤岩体承受的总载荷有所增加，这点和理论研究结论一致。

　　B　水平应力

　　模拟获得了地下气化条带开采和常规条带开采主断面围岩水平应力场，如图 7-19 所示。结果表明，常规条带开采后，采空区顶底板悬露面承受拉应力，而顶底板与煤柱接触面则承受压应力；而地下气化条带开采后，燃空区悬露面、顶底板与煤柱交界面，都承受压应力，并且在整个开采区域的围岩内形成了一个压应力升高区。这是由于受高温影响，围岩受热膨胀，使围岩内部在水平方向上形成

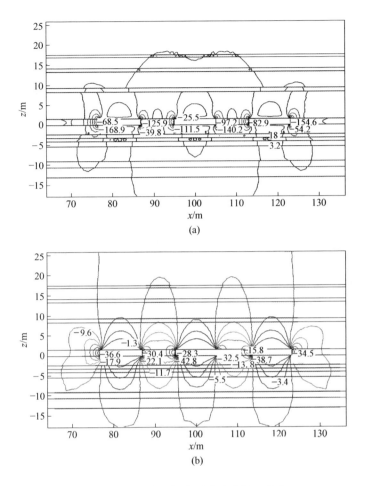

图 7-18 条带开采主断面围岩垂直应力场（单位：MPa）

（a）地下气化条带开采（$t=70\text{d}$）；（b）常规条带开采

热应力（压应力），并抵消了燃空区顶底板悬露面处的拉应力，进而导致燃空区围岩体内的水平压应力增大，拉应力减小。

7.4.2.3 条带开采主断面围岩位移场

A 垂直位移

模拟获得了地下气化条带开采和常规条带开采主断面围岩垂直位移场，如图7-20所示。结果表明，两种工艺开采后，其采场顶底板的垂直位移场具有显著差异。常规条带开采后，采空区悬露顶板及其覆岩出现下沉，而底板及其下伏岩层上移。气化条带开采后，燃空区邻近区域的顶底板位移趋势与常规的相同，但顶底板深部的位移趋势则出现相反情况，即顶板上移、底板下沉。这是因为围岩体

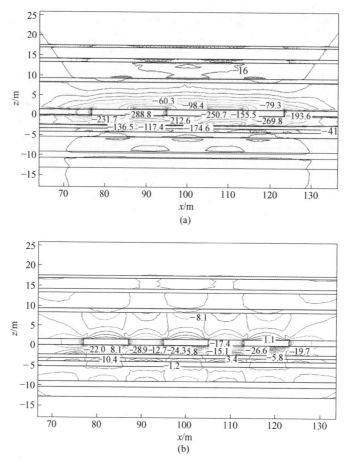

图7-19　条带开采主断面围岩水平应力场（单位：MPa）

（a）地下气化条带开采（t=70d）；（b）常规条带开采

在地下气化过程中受热膨胀，使得气化工作面邻近区域的顶底板岩体向燃空区方向发生变形，而稍远区域的燃空区顶底板岩层则向相反方向挤压。

　　B　水平位移

　　模拟获得了地下气化条带开采和常规条带开采主断面围岩水平位移场，如图7-21所示。结果表明，两种工艺开采后，围岩体的水平位移量和分布规律均存在显著差异。地下气化开采后燃空区围岩的水平位移量明显大于常规条带开采的。此外，常规条带开采后，受采出空间位置的影响，顶底板岩层的水平位移呈现向右、向左交替分布的情形；而地下气化开采后，以中轴线为界，左侧围岩水平向左移动，而右侧围岩水平向右移动。这是因为在地下气化高温作用下，围岩体产生的热应力大于其原有水平地应力，从而导致围岩向气化区两侧移动。

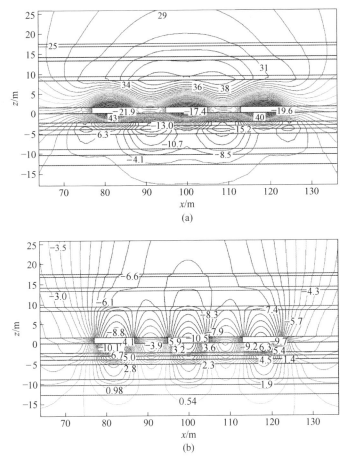

图 7-20 条带开采主断面围岩垂直位移场（单位：mm）

（a）地下气化条带开采（t=70d）；（b）常规条带开采

7.4.2.4 条带开采主断面覆岩移动规律

模拟获得了地下气化条带开采和常规条带开采主断面直接顶和模型顶部岩层的移动规律，如图 7-22 所示。结果表明，无论地下气化还是常规开采工艺，条带开采后，受煤柱存在的影响，直接顶出现波浪式变形，至模型顶部时，发展为整体变形。但两种开采工艺的覆岩变形规律却存在显著差异。地下气化条带开采直接顶变形的波动幅度明显大于常规开采的，且在有煤体支撑的区域出现上移现象。在模型顶部处，常规条带开采后的变形为整体下沉，而地下气化条带开采后却出现了整体上移，且其变形量大于常规开采的。造成这一现象的原因是地下气化高温在燃空区围岩体内传导形成热应力，进而影响围岩体的变形。综上所述，与常规条带开采相比，地下气化条带开采过程中能进一步减小地表的变形量。

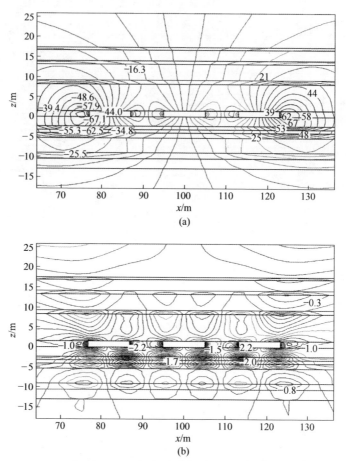

图 7-21　条带开采主断面围岩水平位移场（单位：mm）

（a）地下气化条带开采（$t=70d$）；（b）常规条带开采

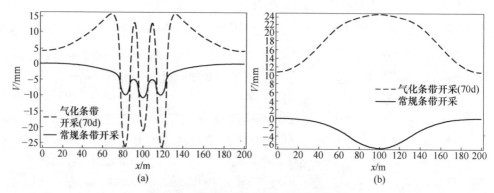

图 7-22　条带开采主断面覆岩移动规律

（a）主断面直接顶；（b）主断面模型顶部岩层

参 考 文 献

[1] 国家煤矿安全监察局. 中国煤炭工业年鉴 2002 [M]. 北京：煤炭工业出版社，2002.

[2] 国务院安委会办公室. 国务院安委会办公室关于印发 2007 年煤矿整顿关闭工作要点的通知 [EB/OL]. [2007-04-18]. http：//www.chinasafety.gov.cn/2007-05/14/content_237380.htm.

[3] 中国煤炭网. 全国已关闭 1.1 万处小煤矿，淘汰 2.5 亿吨落后产能 [EB/OL]. [2008-01-14]. http：//www.ccoalnews.com/101773/101786/13479.html.

[4] 国家能源局，国家煤矿安全监察局. 关于做好 2013 年煤炭行业淘汰落后产能工作的通知 [EB/OL]. [2013-03-18]. http：//www.gov.cn/gzdt/2013-03/26/content_2362270.htm.

[5] 中国煤炭资源网. 煤炭落后产能淘汰迟缓局面将改善 [EB/OL]. [2013-04-09]. http：//www.sxcoal.com/coal/3140795/articlenew.html.

[6] 范维唐. 洁净煤技术的发展与展望 [EB/OL]. [2007-04-03]. http：//www.aqtd.cn/mkaq/HTML/33934.html.

[7] 杨逾，刘文生，缪协兴，等. 我国采煤沉陷及其控制研究现状与展望 [J]. 中国矿业，2007, 16 (7)：43~46.

[8] 李树志. 中国煤炭开采土地破坏及其复垦利用技术 [J]. 资源·产业，2000 (7)：7~9, 18.

[9] 梁铁山，张志杰. 自燃矸石山爆炸规律与诱发因素 [J]. 煤炭学报，2009, 34 (1)：74~78.

[10] 中国煤炭新闻网. 安监总局：2013 年煤矿百万吨死亡率降至 0.293 [EB/OL]. [2014-01-09]. http：//www.cwestc.com/newshtml/2014-1-9/316029.shtml.

[11] 中国煤网. 我国煤矿百万吨死亡率首次降至 0.3 以下 仍是美国 10 倍 [EB/OL]. [2014-01-13]. http：//www.mtw001.com/bencandy.php? fid-387-id-240718-page-1.htm.

[12] 国家煤炭工业网. 王显政在中国煤矿工人北戴河疗养院大容量全肺灌洗治疗尘肺病 10000 例座谈会上的讲话 [EB/OL]. [2014-03-14]. http：//www.coalchina.org.cn/detail/14/03/14/00000004/content.html? path=14/03/14/00000004.

[13] 武晓娟. 加强粉尘防治 保护矿工健康 [N]. 中国能源报，2012-08-13.

[14] 陆刚. 衰老矿井残煤可采性评价与复采技术研究 [D]. 徐州：中国矿业大学，2010.

[15] 黄温钢，王作棠，辛林. 从低碳经济看我国煤炭地下气化的前景 [J]. 矿业研究与开发，2012, 32 (2)：32~36, 50.

[16] 中华人民共和国国务院. 国务院关于加快培育和发展战略性新兴产业的决定 [EB/OL]. [2010-10-10]. http：//www.gov.cn/zwgk/2010-10/18/content_1724848.htm.

[17] 中华人民共和国国务院. 能源发展"十二五"规划 [EB/OL]. [2013-01-01]. http：//www.gov.cn/zwgk/2013-01/23/content_2318554.htm.

[18] 中华人民共和国国家发展和改革委员会. 煤炭工业发展"十二五"规划 [EB/OL]. [2012-03-18]. http：//baike.baidu.com/view/8191746.htm? fr=aladdin.

[19] 中华人民共和国科学技术部. 国家"十二五"科学和技术发展规划 [EB/OL]. [2011-07-13]. http：//www.gov.cn/gzdt/2011-07/13/content_1905915.htm.

［20］ 中华人民共和国科学技术部 . 洁净煤技术科技发展 "十二五" 专项规划 ［EB/OL］.
　　　 ［2012-03-27］. http：//www. most. gov. cn/fggw/zfwj/zfwj2012/201204/t20120424_ 93882. htm.

［21］ 山西省人民政府 . 山西省煤炭产业调整和振兴规划 ［EB/OL］. ［2009-05-08］. http：//
　　　 law. baidu. com/pages/chinalawinfo/1707/86/218f0d82bbe09dd063d2ab320d39ac78_ 0. html.

［22］ 内蒙古自治区人民政府 . 内蒙古自治区国民经济和社会发展第十二个五年规划纲要
　　　 （2011—2015） ［EB/OL］. ［2011-01-22］. http：//www. sndrc. gov. cn/uploadfiles/f2011-01-
　　　 30/201101301158344482. doc.

［23］ 邢安士 . "三下" 采煤经济效益分析 ［J］. 煤炭经济研究, 1985 （2）：21~22.

［24］ 武正晨, 熊化云 . 江苏省 "三下" 压煤状况及其开采评价 ［J］. 江苏煤炭科技, 1986
　　　 （2）：30~36.

［25］ 张有祥, 吴雨顺, 樊京周 . 呆滞煤量形成的原因及预防措施 ［J］. 山西煤炭, 1996 （6）：
　　　 40~42.

［26］ 杨乐桃, 原裕秀 . 浅析生产矿井呆滞煤量的形成及预防对策 ［J］. 山西煤炭, 2003, 23
　　　 （2）：46~47.

［27］ 尉京兰 . 生产矿井呆滞煤量的形成及预防措施 ［J］. 煤炭技术, 2005, 24 （4）：
　　　 114~115.

［28］ 袁永, 屠世浩, 王建林, 等 . 衰老矿井采空区残留煤开采技术研究与设计 ［C］//中国煤
　　　 炭学会开采专业委员会 2007 年学术年会论文集. 徐州：中国矿业大学出版社, 2007.

［29］ 常娜娜 . 孙村煤矿呆滞煤炭资源开采可行性评价与开采技术研究 ［D］. 青岛：山东科技
　　　 大学, 2008.

［30］ 董泽安, 刘铁军, 张清, 等 . 吉林省辽源市残煤资源的开发利用 ［J］. 科技信息, 2010
　　　 （26）：728~729.

［31］ 桂学智 . 五十年, 五百年, 山西煤炭还能开采多少年? ［J］. 科技创新与生产力, 2010
　　　 （09）：40~43.

［32］ 郭永长, 于斌, 徐法奎 . 大同矿区 "三下" 煤柱充填开采可行性分析 ［J］. 煤矿开采,
　　　 2010, 15 （4）：40~42.

［33］ 李崇, 才庆祥, 袁迎菊, 等 . 露天煤矿端帮 "呆滞煤" 回采技术经济评价 ［J］. 采矿与安
　　　 全工程学报, 2011, 28 （2）：263~266, 272.

［34］ 黄温钢, 王作棠, 许豫 . 中国残留煤资源分布特征研究 ［J］. 中国矿业, 2015, 24 （10）：
　　　 4~9.

［35］ 陈衍泰, 陈国宏, 李美娟 . 综合评价方法分类及研究进展 ［J］. 管理科学学报, 2004, 7
　　　 （2）：69~79.

［36］ 梁杰, 于春 . 在阜新矿区应用煤炭地下气化技术的可行性研究 ［J］. 阜新矿业学院学报
　　　 （自然科学版）, 1996, 15 （3）：375~378.

［37］ Young B C. Evaluating the feasibility of underground coal gasification in Thailand ［J］. Fuel
　　　 and Energy Abstracts, 1997, 38 （5）：315.

［38］ Sole J. The commercial feasibility of underground coal gasification in southern Thailand ［J］.
　　　 Fuel and Energy Abstracts, 1997, 38 （6）：397~398.

［39］ 柴兆喜. 兖州"三下"煤和高硫煤"矿井气化"的可行性分析［J］. 煤矿现代化，1999
（3）：38～39.

［40］ 初茉，梁杰，余力. 利用煤炭地下气化煤气合成油的可行性［J］. 煤炭转化，2000，23
（4）：18～21.

［41］ 刘光华. 双阳煤炭地下气化可行性研究［D］. 长春：吉林大学，2001.

［42］ DTI. Review of the feasibility of underground coal gasification in the UK［R］. London：Department of Trade and Industry，2004.

［43］ DTI. The feasibility of UCG under the firth of forth DTI［R］. London：Department of Trade and Industry，2006.

［44］ Khadse A，Qayyumi M，Mahajani S，et al. Underground coal gasification：A new clean coal utilization technique for India［J］. Energy，2007，32（11）：2061～2071.

［45］ 迟波，宋立伟，徐德君. 沈北煤田煤炭地下气化应用可行性评价［J］. 科学时代，2012
（17）：1～2.

［46］ Huang W，Wang Z，Xin L，et al. Feasibility study on underground coal gasification of No. 15 seam in Fenghuangshan Mine［J］. Journal of the Southern African Institute of Mining and Metallurgy，2012，112（10）：897～903.

［47］ Bhaskaran S，Ganesh A，Mahajani S，et al. Comparison between two types of Indian coals for the feasibility of Underground Coal Gasification through laboratory scale experiments［J］. Fuel，2013，113：837～843.

［48］ 王立杰，宋明智. 巴基斯坦塔尔煤田开发的经济性分析［J］. 煤炭经济研究，2012，4
（4）：43～46，62.

［49］ 李光双. 煤炭地下气化项目综合效益评价研究［D］. 青岛：山东科技大学，2012.

［50］ 翟培合，王敏，王磊. 煤炭地下气化可行性评价分析［J］. 煤炭经济研究，2013，33
（10）：55～58.

［51］ 梁杰. 急倾斜煤层地下气化过程稳定性及控制技术的研究［D］. 北京：中国矿业大
学，1997.

［52］ Burton E，Friedmann J，Upadhye R. Best practices in underground coal gasification［Z］. Livermore：Lawrence Livermore National Laboratory，2004.

［53］ 郭楚文. 长通道大断面两阶段煤炭地下气化新工艺的研究［D］. 徐州：中国矿业大
学，1993.

［54］ 孙加亮，娄元娥，席建奋，等. 鄂庄煤炭地下气化工业性试验研究［J］. 中国煤炭，2007，
33（1）：44～45，47.

［55］ 汪滨，梁洁. 长通道大断面两阶段煤炭地下气化工艺的试验研究［J］. 煤炭科学技术，
1996，24（2）：17～19.

［56］ Bicer Y，Dincer I. Energy and exergy analyses of an integrated underground coal gasification with SOFC fuel cell system for multigeneration including hydrogen production［J］. International Journal of Hydrogen Energy，2015，40（39）：13323～13337.

［57］ Hyder Z，Ripepi N S，Karmis M E. A life cycle comparison of greenhouse emissions for power generation from coalmining and underground coal gasification [J]. Mitigation & Adaptation Strategies for Global Change, 2016, 21 (4): 515~546.

[58] 梁杰, 徐传洲, 李文军. 分离控制注气点煤炭地下气化炉及其工艺方法: 中国, CN1982647 [P]. 2007-06-20.

[59] 梁杰, 余力, 刘淑琴, 等. 变截面流道煤层地下气化炉: 中国, CN1474030 [P]. 2004-02-11.

[60] Perkins G, Vairakannu P. Considerations for oxidant and gasifying medium selection in underground coal gasification [J]. Fuel Processing Technology, 2017, 165: 145~154.

[61] Liu S, Liang J, Yu X, et al. Characteristics of Underground Gasification of Different Kinds of Coal [J]. Journal of China University of Mining & Technology, 2003, 32 (6): 624~628.

[62] Perkins G. Underground coal gasification-Part I: Field demonstrations and process performance [J]. Progress in Energy & Combustion Science, 2018, 67: 158~187.

[63] Wiatowski M, Stańczyk K, Swiadrowski J, et al. Semi-technical underground coal gasification (UCG) using the shaft method in Experimental Mine "Barbara" [J]. Fuel, 2012, 99 (0): 170~179.

[64] Haines J, Mallett C. Carbon energy's bloodwood UCG pilot panel 2 2011-2013: Underground coal gasification association conference [C]. London: UK, 2013.

[65] Perkins G, du Toit E, Cochrane G, et al. Overview of underground coal gasification operations at Chinchilla, Australia [J]. Energy Sources, Part A: Recovery, Utilization, and Environmental Effects, 2016, 38 (24): 3639~3646.

[66] Liang J, Zhang Y, Wei C, et al. Experiment Research on Underground Coal Gasification of Xiyang Anthracite [J]. Journal of China University of Mining & Technology, 2006, 35 (1): 25~28, 34.

[67] Liang J, Xi J, Sun J, et al. Experiment on Underground Coal Gasification of the thin coal seam in Ezhuang [J]. Journal of China Coal Society, 2007, 32 (10): 1031~1035.

[68] Wang Z, Huang W, Zhang P, et al. A contrast study on different gasifying agents of underground coal gasification at Huating Coal Mine [J]. Journal of Coal Science and Engineering, 2011, 17 (2): 181~186.

[69] Hill R W, Thorsness C B. Summary report on large-block experiments in underground coal gasification, Tono Basin, Washington. Volume 1. Experimental description and data analysis, UCRL-53305 [R]. Berkeley, CA: Lawrence Liver more National Laboratory, University of California, 1982.

[70] Li W, Liu L, Liang X, et al. Experimental study on the characteristics for Underground Gasification of lignite [J]. Coal Conversion, 2009, 32 (1): 20~24.

[71] Lan S S, Floyd F M. Analysis of Rocky Mountain I Underground Coal Gasification test. topical report, March 1989December 1989, GRI-90/0081 [R]. Chicago, IL: Gas Research Institute, 1989.

[72] Liu S, Liang J, Chang J, et al. UCG model test of Huating Coal with Oxygen-Steam as Gasifica-

tion Agent [J]. Journal of Southeast University (Natural Science Edition), 2003, 33 (3): 355~358.

[73] Yang L. Study on the method of two-phase underground coal gasification with unfixed pumping points [J]. Energy Sources, 2003, 25 (9): 917~930.

[74] Liu H, Chen F, Pan X, et al. Method of oxygen-enriched two-stage underground coal gasification [J]. Mining Science and Technology (China), 2011, 21 (2): 191~196.

[75] Stanczyk K, Kapusta K, Wiatowski M, et al. Experimental simulation of hard coal underground gasification for hydrogen production [J]. Fuel, 2012, 91 (1): 40~50.

[76] Yang L, Liu S, Yu L, et al. Underground Coal Gasification Field Experiment in the High-dipping Coal Seams [J]. Energy Sources, Part A: Recovery, Utilization, and Environmental Effects, 2009, 31 (10): 854~862.

[77] Wang G, Wang Z, Feng B, et al. Semi-industrial tests on enhanced underground coal gasification at Zhong-Liang-Shan coalmine [J]. Asia-Pacific Journal of Chemical Engineering, 2009, 4 (5): 771~779.

[78] Yang T, Lin T. Structural mechanics simulations associated with UCG [D]. USA: The Graduate School of West Virginia University, 1978.

[79] Advani S H. Status of technology associated with cavity and subsidence response predication associated with UCG [C] // Proceedings of the 7th Annual UCG Symposium, New York, 1981.

[80] Sutherland H R. Subsidence prediction for the forthcoming TONO UCG project [C] // Proceedings of the 9th Annual UCG Symposium, New York, 1983.

[81] Mackinnon R J. Modeling of 2-D cavity growth using continuously deforming finite elements [C] //Proceedings of the 10th Annual UCG Symposium, New York, 1984.

[82] Glass R E. The thermal ad structural properties of a Harma Basin coal. Journal of Energy Resources Technology [J]. Transactions of the ASME, 1984, 106: 266~271.

[83] Harold C G. Results of long term ground surface measurements at the Hol CREEK II site [C] //Proceedings of the 10th Annual UCG Symposium, 1984.

[84] Kusov N F, Kazak V N, Kapralov V K. Selection of optimum spacing of channels for underground gasification of coal [J]. Soviet Mining, 1989, 25 (2): 178~181.

[85] Kazak V N, Kapralov V K. Estimating the size of protection pillars in underground gasification of coal seams [J]. Journal of Mining Science, 1993, 29 (4): 364~368.

[86] Najafi M, Jalali S M E, Khalokakaie R. Thermal - mechanical - numerical analysis of stress distribution in the vicinity of underground coal gasification (UCG) panels [J]. International Journal of Coal Geology, 2014, 134~135: 1~16.

[87] Otto C, Kempka T, Kapusta K, et al. Regional-scale geomechanical impact assessment of underground coal gasification by coupled 3D thermo-mechanical modeling [C] //EGU General Assembly 2016, Vienna Austria, 2016.

[88] Wang Z. Dynamic stabiligy analysis and controlling of cavity associated with UCG [C] //Proceeding of 3rd International Conference on Mining Science and Technology, Rotterdam, 1996.

[89] Wang Z, Hua A. Ground movement and control of UCG in elevated temperature ［C］// Yuan Jianxin ed. Proc. of 9th International Conference of the Association for Computer Methods and Advances in Geomechanics, Rotterdam, 1997.

[90] 王在泉, 华安增, 王兴泉. 煤炭地下气化高温煤岩性质及岩层控制研究 ［C］// 面向国民经济可持续发展战略的岩石力学与岩石工程——中国岩石力学与工程学会第五次学术大会论文集, 北京, 1998.

[91] 王在泉, 华安增. 煤炭地下气化空间扩展规律及控制方法研究综述 ［J］. 岩石力学与工程学报, 2001, 20 (3): 379~381.

[92] 余峰. 三下煤层地下气化研究 ［D］. 北京: 中国矿业大学, 1991.

[93] 陈启辉. 煤炭地下气化燃空区扩展过程及控制技术的研究 ［D］. 北京: 中国矿业大学, 1998.

[94] 谭启. 弹性与非线性状态下层状岩石高温热应力场数值对比分析 ［J］. 矿业研究与开发, 2011, 31 (3): 58~61.

[95] 郑慧慧. 煤炭地下气化过程中顶板岩层移动特征的研究 ［J］. 岩土工程技术, 2010, 24 (5): 227~230.

[96] 郑慧慧. 煤炭地下气化过程中覆岩应力场的数值研究 ［J］. 煤矿开采, 2011, 16 (4): 17~19.

[97] 陆银龙, 王连国, 唐芙蓉, 等. 煤炭地下气化过程中温度-应力耦合作用下燃空区覆岩裂隙演化规律 ［J］. 煤炭学报, 2012, 37 (8): 1292~1298.

[98] 唐芙蓉. 煤炭地下气化燃空区覆岩裂隙演化及破断规律研究 ［D］. 徐州: 中国矿业大学, 2013.

[99] 辛林, 王作棠, 黄温钢, 等. 条带气化开采覆岩移动与地表沉陷实测分析 ［J］. 采矿与安全工程学报, 2014, 31 (3): 447~455.

[100] Xin L, Wang Z T, Huang W G, et al. Temperature field distribution of burnt surrounding rock in UCG stope ［J］. International Journal of Mining Science and Technology, 2014, 24 (4): 573~580.

[101] 辛林, 程卫民, 王刚, 等. 煤炭地下气化多层热弹性基础梁模型及其应用 ［J］. 岩石力学与工程学报, 2016, 35 (6): 1233~1244.

[102] Xin L, Cheng W, Xie J, et al. Theoretical research on heat transfer law during underground coal gasification channel extension process ［J］. International Journal of Heat and Mass Transfer, 2019, 142.

[103] 黄温钢. 残留煤地下气化综合评价与稳定生产技术研究 ［D］. 徐州: 中国矿业大学, 2014.

[104] 郭广礼, 李怀展, 查剑锋, 等. 无井式煤炭地下气化岩层及地表移动与控制 ［J］. 煤炭学报, 2019, 44 (8): 2539~2546.

[105] 侯朝炯, 马念杰. 煤层巷道两帮煤体应力和极限平衡区的探讨 ［J］. 煤炭学报, 1989, 14 (4): 21~29.

[106] 郭力群, 彭兴黔, 蔡奇鹏. 基于统一强度理论的条带煤柱设计 ［J］. 煤炭学报, 2013,

38（9）：1563～1567.

[107] 郭力群，蔡奇鹏，彭兴黔．条带煤柱设计的强度准则效应研究［J］．岩土力学，2014，35（3）：777～782.

[108] 王广德．中国煤炭工业统计资料汇编 1949-2009［M］．北京：煤炭工业出版社，2011.

[109] 中华人民共和国国家统计局．中国统计年鉴 2012［M］．北京：中国统计出版社，2012.

[110] 中华人民共和国国家统计局．中华人民共和国 2012 年国民经济和社会发展统计公报［EB/OL］．（2013-02-22）［2016-08-06］．http：//www. gov. cn/gzdt/2013-02/22/content_2338098. htm.

[111] 中华人民共和国国家统计局．中华人民共和国 2013 年国民经济和社会发展统计公报［EB/OL］．（2014-12-24）［2016-08-06］．http：//www. stats. gov. cn/tjsj/zxfb/201402/t20140224_ 514970. html.

[112] 中华人民共和国国家统计局．中华人民共和国 2014 年国民经济和社会发展统计公报［EB/OL］．（2015-02-26）［2015-05-03］．http：//www. stats. gov. cn/tjsj/zxfb/201502/t20150226_ 685799. html.

[113] 中华人民共和国国家统计局．中华人民共和国 2015 年国民经济和社会发展统计公报［EB/OL］．（2016-02-29）［2016-08-06］．http：//www. stats. gov. cn/tjsj/zxfb/201602/t20160229_ 1323991. html.

[114] 中华人民共和国国家统计局．中华人民共和国 2016 年国民经济和社会发展统计公报［EB/OL］．（2017-02-28）［2020-07-06］．http：//www. stats. gov. cn/tjsj/zxfb/201702/t20170228_ 1467424. html.

[115] 中华人民共和国国家统计局．中华人民共和国 2017 年国民经济和社会发展统计公报［EB/OL］．（1899-12-28）［2020-07-06］．http：//www. stats. gov. cn/tjsj/zxfb/201802/t20180228_ 1585631. html.

[116] 中华人民共和国国家统计局．中华人民共和国 2018 年国民经济和社会发展统计公报［EB/OL］．（2019-02-26）［2020-07-06］．http：//www. stats. gov. cn/tjsj/zxfb/201902/t20190228_ 1651265. html.

[117] 中华人民共和国国家统计局．中华人民共和国 2019 年国民经济和社会发展统计公报［EB/OL］．（2020-02-28）［2020-07-06］．http：//www. stats. gov. cn/tjsj/zxfb/202002/t20200228_ 1728913. html.

[118] 王保平，刘缠喜．山西省煤炭开采现状及其诱发的主要环境地质问题［J］．煤，2004，13（6）：7～8.

[119] 王甫勤．我国小煤矿发展问题及政策分析［J］．中国地质大学学报（社会科学版），2006，6（6）：61～67.

[120] 崔民选．能源蓝皮书：中国能源发展报告（2008）［M］．北京：社会科学文献出版社，2008.

[121] 中华人民共和国国家发展和改革委员会．生产煤矿回采率管理暂行规定（发展改革委令第 17 号）［EB/OL］．（2012-12-25）［2015-04-21］．http：//www. gov. cn/flfg/2012-12/25/content_ 2297917. htm.

[122] 国家统计局能源统计司. 2011 中国能源统计年鉴 [M]. 北京: 中国统计出版社, 2012.

[123] 毛节华, 许惠龙. 中国煤炭资源预测与评价 [M]. 北京: 科学出版社, 1999.

[124] 负东风, 刘昕成. 煤矿开采深度现状及发展趋势 [J]. 煤, 1997, 6 (6): 38~41.

[125] 何满潮, 谢和平, 彭苏萍, 等. 深部开采岩体力学研究 [J]. 岩石力学与工程学报, 2005, 24 (16): 2803~2813.

[126] 王金庄, 郭增长. 我国村庄下采煤的回顾与展望 [J]. 中国煤炭, 2002, 28 (5): 28~31, 4.

[127] 董涛. 我国薄煤层采煤工艺现状及发展趋势 [J]. 煤矿安全, 2012, 43 (5): 147~149.

[128] 缪协兴. 矸石充填采煤中的矿压显现规律分析 [J]. 采矿与安全工程学报, 2007, 24 (4): 379~382.

[129] 陈绍杰, 郭惟嘉, 周辉, 等. 条带煤柱膏体充填开采覆岩结构模型及运动规律 [J]. 煤炭学报, 2011, 36 (7): 1081~1086.

[130] 冯光明, 贾凯军, 李风凯, 等. 超高水材料开放式充填开采覆岩控制研究 [J]. 中国矿业大学学报, 2011, 40 (6): 841~845.

[131] 郭志光, 王保松. 采空区残留煤再开采技术研究 [J]. 能源技术与管理, 2009 (1): 48~50.

[132] 王虹. 我国短壁机械化开采技术与装备发展前景 [C] //2007 短壁机械化开采专业委员会学术研讨会太原, 2007.

[133] 谭志祥, 卫建清, 邓喀中, 等. 房式开采地表沉陷规律试验研究 [J]. 焦作工学院学报 (自然科学版), 2003, 22 (4): 255~258.

[134] 梁杰, 余力. "长通道、大断面" 煤炭地下气化新工艺 [J]. 中国煤炭, 2002, 28 (12): 8~10, 13.

[135] 杨兰和, 梁杰, 余力, 等. 煤炭地下气化工业性试验 [J]. 中国矿业大学学报, 1998, 27 (3): 254~256.

[136] Wang Z, Ding X, Huo L, et al. A remining technology of underground coal gasification at Zhongliangshan Coal Mine [J]. Journal of Coal Science & Engineering (China), 2008, 14 (3): 469~473.

[137] 秦勇, 王作棠, 韩磊. 煤炭地下气化中的地质问题 [J]. 煤炭学报, 2019, 44 (8): 2516~2530.

[138] 徐永生. 论煤炭地下气化对煤层地质条件的适应性 [J]. 天津城市建设学院学报, 1995, 1 (4): 6~11.

[139] 柳迎红, 梁新星, 梁杰, 等. 影响煤炭地下气化稳定性生产因素 [J]. 煤炭科学技术, 2006, 34 (11): 79~82.

[140] 汪云甲, 黄宗文. 矿产资源评价及其应用研究 [M]. 徐州: 中国矿业大学出版社, 1998.

[141] 梁杰. 煤炭地下气化过程稳定性及控制技术 [M]. 徐州: 中国矿业大学出版社, 2002.

[142] 刘淑琴, 周蓉, 潘佳, 等. 煤炭地下气化选址决策及地下水污染防控 [J]. 煤炭科学技术, 2013, 41 (5): 23~27, 62.

[143] 孙文华. 三下采煤新技术应用与煤柱留设及压煤开采规程实用手册 [M]. 北京: 中国
　　　 煤炭出版社, 2005.

[144] 国家安全生产监督管理总局, 国家煤矿安全监察局. 煤矿防治水规定 [M]. 北京: 煤炭
　　　 工业出版社, 2009.

[145] 施龙青. 底板突水机理研究综述 [J]. 山东科技大学学报 (自然科学版), 2009, 28
　　　 (3): 17~23.

[146] 王绍章. 从地质角度谈煤的地下气化 [J]. 中国矿业大学学报, 1990, 19 (4): 58~64.

[147] 杨永泰. 国外煤炭地下气化经济效益分析 [J]. 矿业译丛, 1991, 1: 20~25.

[148] 柳少波, 洪峰, 梁杰. 煤炭地下气化技术及其应用前景 [J]. 天然气工业, 2005, 25
　　　 (8): 119~122.

[149] 余力, 刘淑琴. 关于煤炭地下气化新工艺 LLTS-UCG 实现商业化应用的思考 [J]. 科技
　　　 导报, 2003, 2: 51~54.

[150] 杨兰和, 梁杰. 徐州马庄煤矿煤炭地下气化试验研究 [J]. 煤炭学报, 2000, 25 (1):
　　　 86~90.

[151] 杨兰和, 宋全友, 李耀娟. 煤炭地下气化工程 [M]. 徐州: 中国矿业大学出版社, 2001.

[152] 国家安全生产监督管理总局, 国家煤矿安全监察局. 煤矿地质工作规定 [M]. 北京: 煤
　　　 炭工业出版社, 2014.

[153] Huang W, Wang Z, Xie T, et al. Feasibility study on underground coal gasification of quality
　　　 characteristics of 9 Chinese coal types [J]. Energy Sources, Part A: Recovery, Utilization,
　　　 and Environmental Effects, 2020, 42 (2): 131~152.

[154] 中华人民共和国国家质量监督检验检疫总局, 中国国家标准化管理委员会. GB/T
　　　 9143—2008 常压固定床气化用煤技术条件 [S]. 北京: 中国标准出版社, 2009.

[155] 贺永德. 现代煤化工技术手册 [M]. 北京: 化学工业出版社, 2011.

[156] 中华人民共和国国家质量监督检验检疫总局, 中国国家标准化管理委员会. GB 50195—
　　　 2013 发生炉煤气站设计规范 [S]. 北京: 中国标准出版社, 2013.

[157] 唐跃刚, 贺鑫, 程爱国, 等. 中国煤中硫含量分布特征及其沉积控制 [J]. 煤炭学报,
　　　 2015, 40 (9): 1977~1988.

[158] 中华人民共和国国家质量监督检验检疫总局. GB/T 220—2001 煤对二氧化碳化学反应
　　　 性的测定方法 [S]. 北京: 中国标准出版社, 2001.

[159] 步学朋, 任相坤, 崔永君. 煤炭气化技术对煤质的选择及适应性分析 [J]. 神华科技,
　　　 2009, 7 (5): 73~77, 81.

[160] 佚名. 煤炭气化基本知识讲座 第二讲 煤质及煤的特性 [EB/OL]. (2011-08-10)
　　　 [2014-08-11]. http://wenku.baidu.com/view/da539c83d4d8d15abe234e51.html.

[161] 中华人民共和国国家质量监督检验检疫总局, 中国国家标准化管理委员会. GB/T
　　　 219—2008 煤灰熔融性的测定方法 [S]. 北京: 中国标准出版社, 2008.

[162] 牛苗任, 孙永斌, 林碧华, 等. 煤灰熔融温度计算公式的研究 [J]. 洁净煤技术, 2011,
　　　 17 (1): 69~72.

[163] 中华人民共和国国家质量监督检验检疫总局. GB/T 1573—2001 煤的热稳定性测定方法

　　　　　[S]. 北京：中国标准出版社，2001.

[164] 中华人民共和国国家安全生产监督管理总局. MT/T 560—2008 煤的热稳定性分级
　　　　　[S]. 北京：煤炭工业出版社，2008.

[165] 钱鸣高，石平五，许家林. 矿山压力与岩层控制 [M]. 姜华，译. 徐州：中国矿业大学
　　　　　出版社，2010.

[166] Bear J. Dynamics of Fluids in Porous Media [M]. New York：Dover Publications，1988.

[167] 姜振泉，季梁军. 岩石全应力-应变过程渗透性试验研究 [J]. 岩土工程学报，2001，23
　　　　　（2）：153～156.

[168] 李玉寿，马占国，贺耀龙，等. 煤系地层岩石渗透特性试验研究 [J]. 实验力学，2006，
　　　　　21（2）：129～134.

[169] 夏筱红，杨伟峰，崔道伟，等. 采场底板岩石渗透性试验研究 [J]. 矿业安全与环保，
　　　　　2006，33（3）：20～22，89.

[170] 尹会永，魏久传，郭建斌，等. 应力作用下煤层底板关键隔水层渗透性分析 [J]. 煤炭
　　　　　工程，2009（10）：74～76.

[171] 张丽萍，张兴昌，孙强. SSA 土壤固化剂对黄土击实、抗剪及渗透特性的影响 [J]. 农
　　　　　业工程学报，2009，25（7）：45～49.

[172] 新疆油田公司准东采油厂. 煤炭地下气化技术调研情况 [EB/OL]. （2012-05-09）
　　　　　[2016-08-16]. http://wenku.baidu.com/view/49b64bdc360cba1aa811dad4.html.

[173] 安茂春，王志健. 国外技术成熟度评价方法及其应用 [J]. 评价与管理，2008，6（2）：
　　　　　1～3，21.

[174] 黄温钢，王作棠，段天宏，等. 华亭煤空气、富氧及纯氧地下气化特性研究 [J]. 洁净
　　　　　煤技术，2011，17（3）：71～74，78.

[175] 梁杰，张彦春，魏传玉，等. 昔阳无烟煤地下气化模型试验研究 [J]. 中国矿业大学学
　　　　　报，2006，35（1）：25～28，34.

[176] 刘淑琴，梁杰，余学东，等. 不同煤种地下气化特性研究 [J]. 中国矿业大学学报，
　　　　　2003，32（6）：624～628.

[177] 庞继禄，成云海. 鄂庄煤矿四煤层地下富氧气化试验 [J]. 煤炭科学技术，2008，36
　　　　　（10）：100～102，9.

[178] 杨兰和，潘霞，董贵明. 焦煤地下气化模型试验研究 [J]. 煤炭科学技术，2013，41
　　　　　（5）：16～18，22.

[179] 陈志斌. 项目评估学 [M]. 南京：南京大学出版社，2007.

[180] 国家环境保护局，国家技术监督局. GB 16297—1996 大气污染物综合排放标准 [S]. 北
　　　　　京：中国标准出版社，1996.

[181] 环境保护部，国家质量监督检验检疫总局. GB 3095—2012 环境空气质量标准 [S]. 北
　　　　　京：中国标准出版社，2012.

[182] 国家环境保护局. GB 8978—1996 污水综合排放标准 [S]. 北京：中国标准出版
　　　　　社，1996.

[183] 国家环境保护总局，国家质量监督检验检疫总局. GB 3838—2002 地表水环境质量标准

[S]. 北京：中国标准出版社，2002.

[184] 环境保护部，国家质量监督检验检疫总局. GB 12348—2008 工业企业厂界环境噪声排放标准 [S]. 北京：中国标准出版社，2008.

[185] 环境保护部，国家质量监督检验检疫总局. GB 3096—2008 声环境质量标准 [S]. 北京：中国标准出版社，2008.

[186] Liu S, Li J, Mei M, et al. Groundwater pollution from underground coal gasification [J]. Journal of China University of Mining & Technology, 2007, 17 (4)：467~472.

[187] 刘淑琴. 煤炭地下气化过程有害微量元素转化富集规律 [M]. 北京：煤炭工业出版社，2009.

[188] 刘淑琴，董贵明，杨国勇，等. 煤炭地下气化酚污染迁移数值模拟 [J]. 煤炭学报，2011，36 (5)：796~801.

[189] 李金刚，高宝平，王媛媛，等. 煤炭地下气化污染物析出规律模拟试验研究 [J]. 煤炭学报，2012 (S1)：173~177.

[190] 国家煤炭工业局. 建筑物、水体、铁路及主要井巷煤柱留设与压煤开采规程 [M]. 北京：煤炭工业出版社，2000.

[191] 国家煤矿安全监察局，中国煤炭工业协会. 煤矿安全质量标准化基本要求及评分方法（试行）[M]. 北京：煤炭工业出版社，2013.

[192] 甘浪. 基于模糊综合评价法的大型化工项目本质安全评价研究与应用 [D]. 重庆：重庆大学，2011.

[193] 程凌，华洁，周晓柱. 基于层次分析-模糊综合评判的化工园区安全评价研究 [J]. 中国安全科学学报，2008，18 (8)：125-130.

[194] 陈俊武，陈香生. 煤化工应走跨行业联产的高效节能之路（中）[J]. 煤化工，2009 (1)：1~3.

[195] 张有国. 煤化工产品能耗分析与思考 [J]. 上海节能，2009 (9)：20~25.

[196] 唐宏青. 低碳经济与煤化工的若干问题分析 [J]. 煤化工，2010 (1)：7~11.

[197] 唐宏青. 煤化工装置的能量转化率研究 [J]. 化工设计通讯，2011，37 (4)：5~10，13.

[198] 全国煤化工信息站.《"十二五"煤化工示范项目技术规范（送审稿）》摘录 [J]. 煤化工，2011 (6)：20.

[199] 王雷石，段书武. 现代煤化工产业能耗状况与节能对策研究 [J]. 洁净煤技术，2012，18 (4)：1~3.

[200] 山东省质量技术监督局. DB 37/832—2007 吨原煤生产综合能耗限额 [S]. 2007.

[201] 山东省质量技术监督局. DB 37/834—2007 选煤综合能耗限额 [S]. 2007.

[202] 环境保护部. HJ 446—2008 清洁生产标准——煤炭采选业 [S]. 北京：中国环境科学出版社，2008.

[203] 江高. 模糊层次综合评价法及其应用 [D]. 天津：天津大学，2005.

[204] 钟志科. 综合评价方法的合理性研究 [D]. 成都：西南交通大学，2011.

[205] 张吉军. 模糊层次分析法（FAHP）[J]. 模糊系统与数学，2000，14 (2)：80~88.

[206] 冯占文, 刘贞堂, 李忠辉, 等. 应用层次分析-模糊综合评判法对煤与瓦斯突出危险性的预测 [J]. 中国安全科学学报, 2009, 19 (3): 149~154.

[207] 雷小牛, 章毅, 李梅芝. 用模糊综合评判方法确定新疆塔里木河流域重点工程项目排序的多方案选择研究 [C] //中国水利学会首届青年科技论坛, 深圳, 2003.

[208] 李洪兴. 因素空间理论与知识表示的数学框架 (Ⅷ) ——变权综合原理 [J]. 模糊系统与数学, 1995, 9 (3): 1~9.

[209] 刘文奇. 均衡函数及其在变权综合中的应用 [J]. 系统工程理论与实践, 1997 (4): 59~65, 75.

[210] 王超. 矿井通风系统可靠性评价的研究 [D]. 徐州: 中国矿业大学, 2006.

[211] Saaty Thomas L. 层次分析法: 在资源分配、管理和冲突分析中的应用 [M]. 许树柏, 译. 北京: 煤炭工业出版社, 1988.

[212] 黄温钢, 王作棠. 煤炭地下气化变权-模糊层次综合评价模型 [J]. 西安科技大学学报, 2017, 37 (4): 500~507.

[213] 陈开岩, 王超. 矿井通风系统可靠性变权综合评价的研究 [J]. 采矿与安全工程学报, 2007, 24 (1): 37~41.

[214] 梁杰, 席建奋, 孙加亮, 等. 鄂庄薄煤层富氧地下气化模型试验 [J]. 煤炭学报, 2007, 32 (10): 1031~1035.

[215] Xin L, Wang Z, Wang G, et al. Technological aspects for underground coal gasification in steeply inclined thin coal seams at Zhongliangshan coal mine in China [J]. Fuel, 2017, 191: 486~494.

[216] 刘淑琴. 煤炭地下气化过程中 CO_2 产生规律及其减排方法的研究 [D]. 北京: 中国矿业大学 (北京), 2000.

[217] 毛伟志, 梁杰, 彭丰成, 等. 煤炭地下气化过程中 CO_2 回填减排工艺探讨 [J]. 煤矿安全, 2008, 39 (1): 72~74.

[218] Britten J A, Thorsness C B. A model for cavity growth and resource recovery during underground coal gasification [J]. In Situ, 1989, 13 (1~2): 1~53.

[219] 辛林. 马蹄沟煤矿地下气化开采覆岩移动规律研究 [D]. 徐州: 中国矿业大学, 2014.

[220] 李维特, 黄保海, 毕仲波. 热应力理论分析及应用 [M]. 北京: 中国电力出版社, 2004.

[221] 万志军. 非均质岩体热力耦合作用及煤炭地下气化通道稳定性研究 [D]. 徐州: 中国矿业大学, 2006.

[222] Yu M. Unified strength theory and its applications [M]. Berlin Heidelberg: Springer & Verlag, 2004.

[223] Zhang C, Zhao J, Zhang Q, et al. A new closed-form solution for circular openings modeled by the Unified Strength Theory and radius-dependent Young's modulus [J]. Computers and Geotechnics, 2012, 42 (none): 118~128.

[224] 俞茂宏. 岩土类材料的统一强度理论及其应用 [J]. 岩土工程学报, 1994, 16 (2): 1~10.

[225] 铁摩辛柯, 古地尔. 弹性理论 [M]. 3 版. 徐芝纶, 译. 北京: 高等教育出版社, 2013.

［226］杨胜利，白亚光，李佳．煤矿充填开采的现状综合分析与展望［J］.煤炭工程，2013
（10）：4~6，10.

［227］黄温钢．高水材料在矿井生产中的应用［J］.中国科技论文在线，2010.

［228］贾凯军，冯光明．煤矿超高水材料充填开采技术及其展望［J］.煤炭科学技术，2012，
40（11）：6~9，23.

［229］中华人民共和国住房和城乡建设部，中华人民共和国国家质量监督检验检疫总局．GB
50215—2015 煤炭工业矿井设计规范［S］.北京：中国计划出版社，2015.

［230］赵明东，董东林，田康．煤炭地下气化覆岩温度场和裂隙场变化机制模拟研究［J］.矿
业科学学报，2017，2（1）：1~6.

［231］辛林，程卫民，谢军，等．岩石单向加热热固耦合数值模拟研究［J］.煤炭科学技术，
2018，46（7）：145~151.

［232］李超，辛林，徐敏，等．煤炭地下气化相似模拟试验热固耦合数值模拟研究［J］.煤炭
科学技术，2019，47（12）：226~233.